Dr. med. Ulrich Kübler
Prof. Dr. Stähler

Krebs wäre heilbar

3. Auflage

Inhaltsverzeichnis

Das Konzept der Tumorstammzelle

Ein Anschlag wird verübt, eine Kommission wird gebildet, Regeln werden aufgestellt, Waffen werden beschafft, nach einem Täter wird gesucht.
Was denken Sie? Sind Sie betroffen? Worum handelt es sich?
Wann trat der Feind erstmals auf?
Woher stammt er?
Kennen wir ihn?

Hinweise:
Er ist älter als die Menschheit.
Es gab ihn schon vor dem Auftreten der ersten Menschen.
Der Krieg gegen ihn wird schon lange geführt, mit unterschiedlich Mitteln und meist ohne Erfolg.
In manchen Fällen lebt länger, wer nicht in den Krieg zieht.

Handelt es sich um einen politischen Gegner? Nein, aber es wird mit ihm Politik gemacht. Es wird Geld für ihn ausgegeben und Geld mit ihm verdient, und zwar nicht zu knapp.
Wer ist er?
Es ist eine Zelle.
Eine Terrorzelle?
Nein, nicht im politischen Sinn.
Im menschlichen Sinn?
Vielleicht!
Im tierischen Sinne?
Ja auch.
Im pflanzlichen Sinn?
Ja, durchaus möglich.

Der Feind ist so alt wie die Evolution, vielleicht weiß er mehr als wir und hat ein Gedächtnis. Kann er über sich selbst nachdenken? Und wenn ja, was kommt dabei heraus?

Bisher nicht viel, wenig Gutes, viel Furchtbares.

Hat die Zelle ein Gedächtnis? Woher kommt sie, wohin geht sie?

Sie ist schon lange unterwegs. Ihre Ursprünge liegen im Dunkeln.

Wohin wird sie gehen? Wie wird sie behandelt? Ist sie sterblich oder unsterblich? Wie wurde sie, was sie ist? Was kann Sie noch werden? Weiß sie das selbst? Kann sie es wissen?

Wir wissen es nicht und wir werden es nicht wissen. Aber wir leben von ihr und mit ihr. Wir sollten sie daher gut behandeln.

Tun wir das?

Nicht immer oder sogar nur selten. Die meiste Zeit unseres Lebens denken wir gar nicht an sie, sofern wir überhaupt wissen, dass es sie gibt.

Es ist unsere Stammzelle.

Sie lag schon an den Ufern des Urmeeres und trägt die Vergangenheit, Gegenwart und Zukunft in sich, dieser Welt, vergangener Welten, anderer Welten. Sie ist Trägerin der Evolution, Mutter und Vater alles Lebendigen. Sie hat daher einen respektvollen Umgang verdient und eine ihr angemessene Umwelt, die ihr oft verweigert wird.

Sie ist aktuell Ziel des *Genomic Editing*. Und in einigen Ländern wird im Buch des Lebens nicht mehr nur gelesen, sondern auch darin herumgeschrieben.

Wie sah es denn an den Ufern des Urmeeres aus?

Meteoriten aus dem Weltall tauchten zischend in das Wasser ein – mit einer Ladung von Molekülen, Aminosäuren und Spurenelementen, den Informationsträgern des Weltalls. Sich im Meerwasser lösend verbanden sie sich mit dem Magnesium und Carbonsäuren. Im Schaum des Meeres formten sie sphärische Netzwerke: Aminosäuren bildeten Proteine und Proteine erzeugten Leben: Spurenelemente und Aminosäuren, die das Leben bedeuten.

Vor Jahrmilliarden, die Erde war gerade geboren und beheimatete noch kein Leben, kamen die Ursprünge des Lebens, transportiert von Meteoriten, aus den Tiefen des Weltraums. Wahrscheinlich kam mit ihnen auch das Wasser, denn bis heute ist der Ursprung dieser geheimnisvollen, das Leben erst ermöglichenden

Flüssigkeit nicht klar. Eine Hypothese besagt, dass es eingeschlossen in Meteoriten auf die Erde gelangte.

Das Weltall enthält Aminosäuren. Planeten werden schon mit Aminosäuren geboren. Kommen noch Spurenelemente dazu, wirken diese als Katalysatoren.

Wie sind im Weltall Biomoleküle entstanden?

In einem Gasgemisch, das Wasser, Ammoniak, Methanol und Blausäure enthält, können sogar bei Temperaturen von nur wenigen Grad über dem absoluten Nullpunkt, wenn gleichzeitig elektrische Entladungen hinzutreten, Aminosäuren entstehen. In Meteoriten wurden diese ebenso nachgewiesen wie Zuckermoleküle außerirdischen Ursprungs.

Zucker sind biologisch wichtige Stoffe. Sie dienen einmal als Energiespeicher, sodann als strukturelle Stütze anderer Moleküle. Auch Nucleinsäuren, die später Träger der Erbinformationen wurden, enthalten Zuckeranteile. Diese Ribosen und Desoxyribosen sind für die Entstehung sich selbst replizierender Moleküle in der Wiege des Lebens von eminenter Bedeutung gewesen. Bis vor Kurzem wusste man allerdings nicht, wie die neu entstandenen Moleküle sich stabil gehalten haben.

In diesem Zusammenhang stieß man jetzt bei Experimenten der Grundlagenforschung auf die Boratome und die Salze der Borsäuren, die Borate. Zuckermoleküle können bei Anwesenheit von Salzen der Borsäure monatelang stabil bleiben. Ohne Borsäure zerfallen sie bereits nach einer Stunde.

Borate kommen häufig im vulkanischen Gestein vor, werden aber auch im intestellaren Nebel gefunden. Die Entstehung des Lebens hängt von der Verteilung dieser Moleküle ab.

Im Weltall gibt es einen Mechanismus zur asymmetrischen Verteilung dieser Bio-Moleküle. Zirkular polarisierte Strahlung kann zu ihrer Anreicherung führen. Aminosäuren können im Wasser schwimmen, sich mit den metallischen Spurenelementen verbinden und katalytisch betätigen.

So entstanden die ersten vermehrungsfähigen Moleküle, die bereits eine erstaunliche Vielfalt von Informationen zu speichern vermochten. Entsprechend verbunden entstanden daraus die Vorläufer jener Moleküle, die bis heute das Einfangen von Lichtquanten als Basis der Energie des Lebens erlauben. Später entstanden daraus die Mitochondrien, die bis heute die Energieaggregate unserer Zellen sind und die Träger der Atmungskette, in der Eisen, Kupfer, Zink und Aminosäuren eine unverzichtbare Rolle spielen. Mit Metallen vergesellschaftete Aminosäuren waren maßgeblich an der Entwicklung des Lebens auf der Erde beteiligt und ohne sie hätte es keine Evolution gegeben.

Mineralien sind also Lebensstifter, ebenso die Aminosäuren.

1992 schuf Dr. Kübler ein Analyse-Verfahren für das menschliche Serum, das es erlaubt, jene Eiweißstoffe den physiologischen Abläufen der Zelle und ihres Stoffwechsels zuzuordnen, die im Blutserum nicht in großen Mengen vorkommen, aber dennoch unverzichtbar für das Leben sind. Das geschah bisher noch nicht in genügendem Umfang.

Entscheidend für die Analytik ist die Erfassung der freien Aminosäuren, das sind auch jene, die ein intaktes Verdauungssystem aus den Eiweißen unserer Nahrung zerlegt – und da beginnt es schon: Nicht jedes Verdauungssystem ist intakt, oft ist der Darm mit Bakterien fehlbesiedelt, die einen Teil dieser Aminosäuren für sich rauben oder die Bauchspeicheldrüse stellt zu wenig Eiweiß spaltende Enzyme bereit. Das kann eine Folge von Stress, seelischer Belastung, toxischen Substanzen aus der Umwelt oder ein Übermaß von Alkohol sein. Durch eine Zufuhr freier Aminosäuren kann diese Problematik durchbrochen werden. Freie Aminosäuren stehen dem Organismus sofort für die Biosynthese zur Verfügung. Die Gefahr einer Mangelernährung trotz proteinreicher Nahrung wird so vermieden.

Der Nachweis der meisten Spurenaminosäuren und Spurenelemente war bisher nicht möglich. Autoanalyzer können dies nicht. Deswegen finden diese Elemente bei der normalen Routineanalytik keine Berücksichtigung. Ihre genaue technische Bestimmung ist zu schwierig. Labore, die nicht regelmäßig auf diesem Gebiet analytisch tätig sind, können meist auch keine präzisen Werte abgeben, oft fehlt es schon an etablierten Normwerten. Ein großes Problem ist auch die Probenvorbereitung. Das beginnt schon mit der richtigen Blutabnahme und setzt dann korrekten Serumversand voraus.

Aminosäuren sind die Bausteine der Eiweiße des Lebens.

Die Proteine aller Lebewesen bestehen aus 20 verschiedenen Aminosäuren. Ihre Zufuhr ist lebensnotwendig. Die Aminosäuren können sowohl mit Säuren als auch mit Basen reagieren, weil sie in sich sowohl eine saure wie eine basische Gruppe enthalten. Sie puffern sozusagen das Leben gegenüber den Basen und Säuren des Stoffwechsels.

Von den 20 Eiweiß bildenden Aminosäuren gelten 9 als *essenziell*, das sind jene, die über die Nahrung aufgenommen werden müssen, hergestellt von anderen Organismen (Pflanzen oder Tieren), da sie der menschliche Körper nicht mehr selbst herstellen kann. Jahrzehntelang galt das biochemische Gesetz: alle natürlichen Proteine (Eiweiße) sind aus 20 Aminosäuren aufgebaut.

Das ist falsch.

Vor einigen Jahren wurde mit dem Cystein die 21. Aminosäure entdeckt und kürzlich fanden Forscher mit der Aminosäure *Pyrrolysi*n die 22. Der Körper birgt also noch unentdeckte Geheimnisse.

Aminosäuren in gesunden und in kranken Tagen

Aufgrund ihres Zwittercharakters ist die Aminosäure eine Art Schalter und vermag Informationen zu speichern. Das war bereits der Fall, bevor das Leben den genetischen Code entwickelt hatte und noch bevor dies der Fall war, kombinierten die Aminosäuren aufgrund ihrer elektrischen Bindungsfähigkeit ihre Negativität an einer bestimmten Molekülstelle mit positiv geladenen Metallionen und bildeten neue Strukturen. So wurde beispielsweise Kupfer eine treibende Kraft des Lebens und ist bis heute Bestandteil vieler bioaktiver Eiweißstoffe geblieben. Kupfer war und ist ein Katalysator für die Evolution der Organismen und ermöglicht bis heute den Organismen den Sauerstoff- und Elektronentransport. Denken Sie also daran: Kupfer lässt die Gewebe durchatmen. Das ist besonders zur Vermeidung und zur Therapie von Herz-Kreislauf-Erkrankungen wichtig. Kommt noch die Aminosäure *Arginin* dazu, bleiben Sie gesund.

Bereits Jahrmillionen vor der Morphogenese des Menschen gab es ursprüngliche Zellen im Weltmeer, die bipolare Moleküle enthielten, isoliert in Sphären, deren Membranen über Ionenkanäle mit den Magnetfeldern der Umgebung kommunizieren konnten: Zellen als Energiewesen, als Materialisierung eines morphischen Feldes. Die Sonne schien und lieferte die Photonen für die molekularen Motoren. Sie lieferte den sphärischen Bioreaktoren Energie: Die lebende Zelle entstand, als der Hauch des morphischen Feldes im scheinbar unendlichen Nichts bipolare Moleküle in Sphären isolierte, deren Membranen wie flüssige Kristalle über Ionenkanäle mit Magnetfeldern kommunizierten.

Ionenkanäle und ihr Anfang – die Rezeptoren – sind Wahrnehmungsschalter. Sie sind die physikalische Basis des Gedächtnis der Zelle. Arbeiten dann später einige Zellen zusammen, z. B. Gliazellen und Neuronen – oder eleganter formuliert: Glionen und Neuronen –, so kann das als *Konnektom* oder als *Gehirn* definiert werden, als physikalische Basis des Bewusstseins, als flüssiger Speicher energetischer, magnetischer und morphischer Felder. Diese Energiefelder durchziehen die Zelle und werden von Leben zu Leben weitergegeben, wenn sie dabei nicht gestört werden.

Im menschlichen Gehirn herrscht eine übersehene Dualität: Die Gliazellen sind der komplementäre Resonator und Stimulator der neuronalen Ionenkanäle. die neuronalen und glialen Membranen sind flüssige, kristalline Halbleiter. Zwischen ihnen fließt eine Elektrolytlösung. Werden die Rezeptoren der Zellmembranen durch ein Signal stimuliert, öffnet sich ein Ionenkanal und Elektrolytlösung fließt in die Zelle. Es entsteht *Bewusstsein* und durch Speicherung *Erinnerung*. Moleküle haben ein Gedächtnis, sie ändern Form und Funktion und die Funktion ist Ergebnis der Form. So sind Aminosäuren chemisch Zwitter, Spurenelemente Ladungsträger und Ladungsträger können auf Wanderschaft gehen. Flüssige Kristalle reagieren auf Ladungen.

Es gibt Materie in vier verschiedenen Zuständen: gasförmig, flüssig, fest und weder ganz flüssig noch ganz fest. Das ist der Zustand der flüssigkristallinen Moleküle: Phospholipide, Eiweißlösungen, RNA- und DNA-Moleküle sowie Viren sind flüssigkristallin, ihr Ordnungszustand bewegt sich zwischen fest und flüssig. Ihre Moleküle können sich in verschieden Ordnungsgraden gruppieren, wobei sie sich aneinander orientieren, korrespondieren und axial, in Schichten oder spiralig auszurichten vermögen. Sie können dabei Energie speichern und abgeben.

Leben ohne Feuer

Das Leben im Wasser benötigte kein Feuer. Ursprünglich gab es das auch nicht an Land; jedenfalls stand es nicht den Menschen zur Verfügung. Die Energiekreisläufe waren geschlossen. Heute haben wir zu viele offene Kreisläufe, an deren Ende Artenverlust und Vermüllung von Erde, Wasser, Luft und Zellen steht.

Der Urmensch hatte beim Essen erhebliche Probleme. Ohne Werkzeuge musste er Tiere jagen und das Fleisch, ohne dass es weich gekocht oder gebraten war, lange zerkauen oder verschlingen. Im Zuge Weiterentwicklung kam es dann zur Entdeckung von Faustkeilen zum Töten von Tieren, zur Entwicklung von Speeren und zum Zusammenschluss des Menschen zu Jagdgruppen. Frauen saßen in kaminlosen Höhlen, beschädigten ihr Tumor-Suppressorgen p53 durch Rauch und veränderten durch den Rauch die Methylierung der Promoterregion der Gene. Eine Veränderung des epigenomischen Profils gab es also schon damals. Das hält bis heute an und ist keineswegs der Garant für das Fortschreiten der Evolution.

Es wurden in der Zwischenzeit zwar noch einige Dinge zur Erleichterung des Alltags erfunden oder entdeckt, aber die Gesamtbilanz ist öde: die Kleidung, das Rad, der Ackerbau, um den Klimafolgen und dem Nahrungsmangel zu entgehen; aber die Folgen sind: Umweltverschmutzung, Überbevölkerung, Kriege und eine Politik, die bis heute eine Mischung aus Egotrip, Gruppenwahn und territorialen Ansprüchen ist.

Verblendet von der eigenen Gier und aufgrund einer gesteuerten und damit falschen Wahrnehmung der Realität unter dem Druck von Umwelt und Chemikalien, ist die Evolution des Menschen nicht nur zum Stillstand gekommen, sondern es ereignet sich in mehreren Bereichen auf zellulärer und gesellschaftlicher

Ebene eine ontogenetische Regression und Implosion mit Zunahme von sogenannten Zivilisationserkrankungen wie Krebs, Diabetes, M. Alzheimer, von Kindesmisshandlungen und allgemein erhöhter Gewaltbereitschaft. Die Unsicherheit, Erkrankungs- und Gewaltbereitschaft nimmt zu wie in einem neuen Mittelalter.

Die allgemeine Jagd nach vermeintlichem Wohlstand und den letzten Rohstoffen könnte in einem Weltbürgerkrieg enden, einer Erwärmungskatastrophe oder in atomaren und/oder digitalen Kampfhandlungen sowie in der Verhaustierschweinung des Menschen, entsprechend den Voraussagen von Konrad Lorenz und George Orwell.

Religiöse, ökonomische und sonstige Ideologien, Oligarchien und Monopole jagen die Menschen gegeneinander, auf der Suche nach Macht und Kontrolle. Es gibt kaum noch freie Territorien und auch dort wird die Jagd nach den Rohstoffen fortgesetzt.

Da es kaum noch freie Territorien gibt, wird nun nach der Zelle und den Genen gegriffen. Gene sind aber keine Bauklötze. Die Zelle enthält nichtlineare Funktionen, die der menschlichen, biopolitischen und ökonomischen Kontrolle nicht ausgeliefert werden sollten, denn es ist zu fragen, ob unser Wissen ausreicht, unser Verhalten gegenüber uns selbst, den Mitmenschen und der Natur so zu steuern, dass unser und der Natur Überleben auf Dauer möglich ist.

Wir werden uns weiterentwickeln, zweifellos, doch in welche Richtung?: Aussterben ist das Schicksal jeglicher Art. Vor uns gab es schon anderes Leben, nämlich Fossilien, die lebende Solarzellen waren und nicht fraßen und nicht gefressen wurden.

Die großen Werkzeuge und Jagdgruppen sind gefährlich zerstörerisch: Der Mensch als Techniker und Jäger ist mit dem Egoismus seiner Gene die größte Gefahr für sich und die Natur:

Für die Atmosphäre,

für die Hydrosphäre,

für die Kryosphäre,

für die Biosphäre.

Inzwischen werden die Gefahren ja noch größer: Der Mensch will sich ja nicht länger auf die natürliche Evolution verlassen, sondern versucht sich gentechnisch weiterzuentwickeln. Da jedoch unsere Eigenschaften von Hunderten von Genen gesteuert werden, können und werden zu forsche Eingriffe fatale Folgen haben.

Dennoch wird wohl das Projekt *Menschenverbesserung* früher oder später in Angriff genommen werden. Die Frage ist nicht *ob*, sondern *wann*. Das *Genomic Editing* und die Technik des *Genomic Sequencing* erlauben es, im Buch des Lebens zu lesen.

Mithilfe molekularer Skalpelle wie *CrisperCas* ist es schon heute möglich, die genomische Architektur individuell zu verändern, innerhalb und außerhalb der Keimbahn. Und das wird auch praktiziert. Der Mensch, der dies tut, ermächtigt sich selbst, in die Evolution einzugreifen. Er ruft eine Regulierungsbehörde auf den Plan. Der Mensch wird sich dadurch sehr wahrscheinlich selbst ausrotten, auf jeden Fall wird die bewusste Individualität enden. Hierzu hat er sich seine eigenen Zellen vorgenommen, in dem Wahn unsterblich zu werden.

Unbegrenzte Selbsterneuerung – unbegrenztes Zell-Teilungs-Potenzial

Die Stammzelle ist jene Zelle, in der das Leben beginnt. Sie entsteht aus der Vereinigung einer mütterlichen Eizelle (Ovum) mit der Erbsubstanz (DNA) des väterlichen Samenfadens. Daraus resultiert das Wachstum des Embryos mit allen embryonalen Merkmalen:

Während dieser Zellteilung verändert die embryonale Zelle bedarfsgerecht ihren Charakter und verwandelt sich in andere Zelltypen wie Haut, Herz, Nerven, Knochen – solange, bis die korrekte Form der Gewebe und Organe erreicht ist. Danach wird die Zellteilung abgeschaltet und nur noch für die Regeneration aktiviert.

Falls die embryonale Stammzelle sich unlizenziert teilt und dabei keine differenzierten Organe und Gewebe produziert und obendrein noch durch den Kreislauf zu wandern beginnt, entsteht Krebs: der Trittbrettfahrer der Evolution.

Somit ist Krebs *Wachstum und Wanderung* einer nicht regulierten embryonalen Stammzelle.

Aus genomischen und proteomischen Forschungsprojekten hat sich ergeben, dass die Charakterisierung der intrazellulären Kommunikation und der zellulären Signalübertragungswege entscheidende Bedeutung zukommt. Typischerweise kann innerhalb dieser Signalwege eine winzige molekulare Störung in einem einzigen zellulären Signalweg, beispielsweise durch Expression eines sogenannten *Onkogenes* mit Signalrelevanz wie *erb/B2*, EGFR, durch eine Mutation des ras-Signalweges in Kombination mit einer Beschädigung des Tumor-Suppressors p53 über nicht lineare Interaktionen mit anderen Signalwegen eine Destabilisierung der gesunden dynamischen Ordnungsstruktur der gesamten Signalweges der Zelle ausgelöst werden, mit dem Ergebnis einer Apoptoseverweigerung, mit der Folge der Unsterblichkeit dieser Zelle und der Auslösung einer Migration: Es wandern dann unsterbliche Tumor-Stammzellen durch den Kreislauf.

Somit ist Krebs ein Kommunikationsproblem, entstehend durch Verlust der DNA-Reparaturkapazität, Verlust der Wachstumshemmung, Verlust der Apoptosefähigkeit und der Akquirierung der Neo-Angiogenese-Fähigkeit.

Wenn Sie nun meinen, diagnostisch monoparametrisch oder beispielsweise über sogenannte Tumormarker anstatt über die Analytik zellulärer Signalwege an das Problem heranzukommen, so haben Sie sich getäuscht. Das ist insuffizient. Man kann hier nur multiparametrische Diagnostik, die die hierarischen Kommunikationswege erfasst, betreiben.

Man muss sich klar darüber sein, dass therapeutisch alle vorhandenen Zytostatika diesen Signalwegen nicht Rechnung tragen und dass das auch die modernen *Biologicals* nicht ausreichend tun. Man müsste ca. 50 von ihnen einschleusen, um das Netzwerk der Signalkette einer maligne transformierten Zelle wenigstens zu verlangsamen.

Es ist wirklich schon fast frivol, wie die Leitlinien gestützte Onkologie vorgeht: das Material wird erst einmal bioptisch gewonnen, damit die Tumor-Stammzelle den Marschbefehl durch den Körper erhält, dann wird das Material abgetötet, sodass sie garantiert die relevanten molekularen Signalwege, z. B. in Bezug auf Chemoresistenz, Strahlenresistenz etc. nicht mehr erfassen können.

Mit anderen Worten: Solange wir keine *Systembiologie an der zirkulierenden Tumorzelle* betreiben, können wir den diagnostischen Zeitpunkt bei Krebs weder nach vorne verlegen, noch rational therapieren.

Wie wir heute wissen gibt es paktisch in allen Organen für deren Regeneration Nischen für Stammzellen, die noch aus der Embryonalphase stammen, respektive aus dem Knochenmark einwandern können, beispielsweise ausgelöst durch Entzündungen.

Was geschieht, wenn diese Zellen geärgert werden? Es kommt zur *epithelio-mesenchymalen Transition*: Nach Auflösung epithelialer Zellschichten finden sich in der Blutbahn Tumor-Stammzellen, die OCT-3/4 und c-met positiv sind und ZEB1 aufweisen, also einen epithelio-mesenchymalen Genotypus aufweisen und den angiogenetischen Switch vollzogen haben, indem sie durch VEGF-Bildung Blutgefäße rekrutieren können, teilungsaktiv und invasiv sind (c-myc, ck-ras, Urokinase).

C-Met bedeutet: Stammzellen spezifisches Oncogen, eine die Transskription steuernde Kinase, die den Übergang von epithelialen in mesenchymale Zellen steuert und für Wachstum und Angiogenese unabhängig vom VEGF sorgt, sowie für Zellwanderung und Metastasierung.

Der Übergang vom epithelialen um mesenchymalen Zelltyp wird als *epithelial-mesenchymale Transition* (EMT) bezeichnet.

OCT-3/4 reguliert die Stammzell-Identität und Polarität. Es ist Mitglied einer Genfamilie, die Transkriptionsfaktoren herstellt, mit deren Hilfe aus normalen Zellen Tumor-Stammzellen werden. Diese Tumor-Stammzellen entziehen sich einer Chemotherapie

ZEB1 ist der EMT-Aktivator, der die Tumorigenität fördert, indem er in die Epithelialität und Polarität der Stammzellen fördernde mikro-RNA 200 inhibiert.

Es handelt sich um einen Aktivator des epithelio-mesenchymalen Transitions-programmes EMT. Er verhindert durch Blockade der mikro-RNA 200 den Aufbau der epithelialen Strukturen zugunsten mesenchymaler. Dabei kommt es zum Verlust der Polarität der Stammzelle. Unterstützt wird dies durch die Bildung von Ketonen und Laktaten aus Fibroblasten der Stammzellnische.

Diese Stammzellnische kann durch Biopsie vergrößert und induziert werden, durch den HIF-Faktor. Eine Biopsie aktiviert deshalb das Metastasierungsprogramm, weil bei der Biopsie schockbedingt eine Hypoxie innerhalb der Zelle und ihrer Atmung entsteht und die Hypoxie-induzierbaren Gene VEGF, PDGF, TGF und EPO entstehen.

TGF, der *transforming growth factor*, begünstigt die epithelio-mesenchymale Transition . Damit wird durch die Biopsie der molekulare Käfig geöffnet und der molekulare Mechanismus der Tumorzellenbeweglichkeit in Gang gesetzt. Die epithelio- mesenchymale Transition kann durch den Verlust des Tumor-Suppressorgenes p53 oder seine Mutation entstehen.

Als Folge des EMT/MET-Programms kommt es zu einer Reaktivierung der embryonalen Mobilität, zur Ausprägung eines Warburgschen Gärungsstoffwechsels (Akt/mTOR) und zu einer Chemo- und Strahlenresistenz dieser Zellen (MDR, Survivin-Expression).

Weiterhin genießen diese Zellen immunologische Privilegien, d. h. sie werden vom Immunsystem, wenn man diesem nicht hilft, nicht erkannt und schalten es mittels des Tryptophan spaltenden Enzymes *Indolamindeoxygenase* aktiv aus.

Es sollten Maßnahmen ergriffen werden, um diese Tumorstammzellen zu quantifizieren und zu eliminieren:

a) durch eine Tumor-Schutzimpfung,

b) durch eine Vermehrung der Zahl der natürlichen Killerzellen.

Vermeidung der Aktivierung von HIF (durch Biopsien, Operationen, Bestrahlungen)

Krebs entsteht, wenn epitheliale Schichten aufgelöst werden und das embryonale Programm der epithelialen mesenchymalen Transition reaktiviert wird. Der Motor dieser epithelio-mesenchymalen Transition (EMT/MET), bei der nicht regelbare Tumor-Stammzellen entstehen, ist das C-Met, angetrieben durch den Transkriptionsfaktor ZEB1. C-Met ist eine Tyrosinkinase. Kinasen übertragen energiereiche Phosphorproteine zum Zwecke der Regulation von Signalketten.
Die Tyrosin-Kinasen erlauben reversible Phosphorylierungen, was die vorherrschende Strategie zur Aktivitätskontrolle von Proteinen in Säugetierzellen darstellt und damit die Kontrolle der Signalketten.

Mit der Auflösung epithelialer Schichten beginnt die metastatische Kaskade. Es entsteht ein Stammzelltypus mit OCT-3/4-Genomik. In diesen Zellen überwiegen die mesenchymalen Gene die epithelialen, da ZEB1, ein MET-Aktivator, die Mikro-RNA-200 inhibiert hat, die üblicherweise die Polarität der Stammzellen garantiert. Dabei kommt es zum Verlust der Polarität der Stammzelle.
Unterstützt wird dies durch die Bildung von Ketonen und Laktaten aus dem *Warburgschen Gärungsstoffwechsel* der Fibroblasten der Stammzellnische., was wir bei Elastografien gut nachweisen können.

Die epithelio-mesenchymale Transition kann auch durch den Verlust des Tumor-Suppressorgenes p53 oder seine Mutation entstehen. In der Folge davon kommt es zu einem Verlust der üblicherweise permanent erfolgenden Zwiesprache zwischen *Epithelialität* und *Mesenchymalität*. Metabolisch bedeutet dies eine Veränderung des Methylierungs- und Acetylierungsgrades im Bereich der Promoterregion der Onkogene und Tumor-Suppressorgene.

Es verändert sich die epigenomische Signatur. Ergebnis ist
  a) die Verweigerung des programmierten Zelltodes über die Reaktivierung Hypoxie-induzierbarer Gene (HIF), was auch durch eine Biopsie verstärkt wird,

b) die Bildung von VEGF, PDGF, TGF und Epo mit dem Ergebnis
   - der Neubildung von Blutgefäßen,
   - der Invasion und Wucherung dieser mesenchymalen Zellverbände ins umgebende Gewebe hinein (lokale Metastasierung) und
c) die Ausschaltung der körpereigenen Abwehrreaktion der Killerzellen mittels der Indolamindeoxygenase und somit das Vordringen dieser mesenchymalen, nicht mehr regelbaren Tumor-Stammzellen in den Kreislauf hinein.

Verlassen diese Zellen dann andernorts eines Tages als Saat des Bösen den Kreislauf, kann es dann auch zu einer makroskopischen Metastasierung kommen.

Im folgenden zeige ich Ihnen die molekulare Signatur jener Tumor-Stammzellen, die dem Stoffwechsel der Stammzellnische entstammen, nachdem die Gene die Gesundheit verlernt haben und die epigenomischen Regulierungsprinzipien der Methylierung und Acetylierung versagt haben.
Lokal können Sie die Auflösung dieser Kaskade, die *Desmoplasie*, durch Elastografie bestimmen. Systemisch können Sie durch eine Kombination von PCR und diagnostischer Apherese die Anwesenheit solcher unerwünschter Tumor-Stammzellen in der Blutbahn kontrollieren, diese quantifizieren und molekular qualifizieren.
Dies ist mein europäisches, amerikanisches und japanisches Patent. Durch bioptische Maßnahmen stören Sie die Matrix der Stammzellnische und setzen den HIF-Faktor frei, der zur Überexpression der Hypoxie-induzierbaren Gene VEGF, PDGF, TGF und Epo führt. Insofern ist das *Biopsieren* ein *Metastasierungsprogramm*. Es ist beim jetzt erreichten Wissensstand ethisch nicht mehr vertretbar. Die vielfach geäußerte Frage von Patienten, ob eine Biopsie gefährlich sei, muss dezidiert bejaht werden (Lit.: *Wie sicher sind Stanzbiopsien, Der Privatarzt Gyn*, Ausg 1, Feb 2014).

Respekt vor der Desmoplasie der Fibroblasten verbietet die Biopsie durchzuführen, jedenfalls solange nicht andere Möglichkeiten der Diagnostik ausgeschöpft sind, denn punktierte oder bestrahlte Fibroblasten beginnen zu gären und Ketone und Laktate bereitzustellen. Diese versorgen dann die bereits vorhandenen Tumor-Stammzellen mit Brennstoff.

Die Biopsie fördert also die Malignisierung des Stoffwechsels der Stammzelle, vergrößert die Stammzellnische und erleichtert die Herstellung von Ketonen und Laktaten durch die Fibroblasten der Stammzellnische. Man nennt dies den *umgekehrten Warburgeffekt*. Dadurch kommt es zu einer Veränderung des Acetylierungsmusters: von der Epithelialität über die Mesenchymalität zur Aktivierung des embryonalen Mobilitätsprogramms und damit zur Auslösung der metastatischen Kaskade.

Wir dürfen Ihnen zunächst zeigen, was die Biopsie in der Blutbahn der Patienten auslöst, insbesondere bei Mamma-Karzinomen. Die Brust wird, wie Sie wissen, über die Arteria mammaria interna versorgt, diese gibt Seitenäste an die Lunge und an die Wirbelkörper III und IV ab. Dass dies Prädilektionsstellen nach Biopsie verstärkt eintretender Metastasierung sind, brauche ich Ihnen als Gynäkologen und Onkologen nicht weiter darzulegen.

Sodann zeigen wir Ihnen hier einmal Zellzahlen bei Mamma-Karzinomen, die bildgebend diagnostiziert worden sind, **vor** und **nach** Biopsie. Der chirurgische Eingriff bewirkt das Gleiche: einen Anstieg der Zellzahlen.

Das Equipment, mit dem wir dieses bestimmen, ist ein Apheresesystem, nachgeschaltet Zellkulturmaßnahmen mit Immunzytochemie und Fluoreszenz-Mikroskopie. Zur Vermeidung dieses Metastasierungsprogrammes habe ich dann eine flexible Kältesonde mit Joule-Tompson-Mechanismus, der einen Kälteeffekt erlaubt, zur Anwendung gebracht. In wenigen Sekunden erreicht die Sondenspitze aufgrund der Expansion eines Gases minus 80 Grad. Ab minus 40 Grad erfriert jede Zelle. Das Verfahren nennt sich Kryotherapie (Lit.: *Kryo- und Immuntherapie bei Brustkrebsen*, *Der Privatarzt Gyn*, Ausg 3, Juni 2010). Dabei sistiert der Blutstrom in den halb offenen Tumorkapillaren, sodass während des Einfrierprogrammes und insbesondere auch in der sich jeweils anschließenden Auftauphase kein zelluläres Material über die Arteria mammaria interna in die gesunden Anteile der Brust oder der Lunge oder gar des Knochenmarkes verschleppt werden kann, weshalb ich Ihnen hier folgendes sagen darf: **Bei** biopsie-frei diagnostizierten Mamma-Karzinomen haben wir nach Durchführung der Kryotherapien in keinem einzigen Fall ein Rezidiv gehabt.

Die Biopsie eröffnet die metastatische Kaskade und initialisiert die Mikrometastasierung. Der HIF-Faktor wird freigesetzt. Er induziert in den punktierten Zellen und ihrer Nachbarschaft einen hypoxischen Schockzustand und infolgedessen eine vermehrte Transkription der Onkoproteine FGF, VEGF und EPO, ebenso die Freisetzung von C-Met und ZEB1. Dies sind sogenannte *EMT-Aktivatoren*, die die Polarität der Stammzellen unterdrücken und stattdessen ihre mesenchymalen Gene fördern: EMT/MET. Somit wird durch die Punktion der Motor der epithelio-mesenchymalen Transition angeworfen und das embryonale Proliferations-, Mikrations- und Invasionsprogramm aktiviert.

Die Biopsie öffnet also den molekularen Käfig, schafft eine Stammzellnische und eröffnet die metastatische Kaskade. Bereits schlummernde differenzierungsgestörte, nicht mehr ganz regelbare Tumor-Stammzellen werden endgültig aus der Epithelialität heraus in die Mesenchymalität und als Apoptoseverweigerer in die Mikration getrieben.

Das bioptische Vorgehen und damit die Initialisierung der Metastasierung ist vermeidbar, durch einen Paradigmenwechsel und Respekt vor der Zelle. Sonst gilt, was Franz Grillparzer gesagt hat: *von der Territorialität über die Nationalität zur Bestialität.*

Allen Funktionen gehen Wachstumsvorgänge voraus. Jede Zelle, jedes Gewebe, jedes Organ funktioniert schon während seiner Entstehung. Die Zellen sind Energiewesen, flüssigkristalline Materialisierung eines morphischen Feldes. Nur das Erscheinungsbild ändert sich während der Entwicklung, nichts das Wesen, weil es Ausdruck von geheimnisvollen Kräften ist.

Die Liäson der Sphären

Der Anblick des Schönen löst einen Erinnerungsschock aus und Begehren. Der Ergänzungszauber beginnt zu wirken.

Das Erblicken, das Erkennen, das Begehren. Verführen und verführt werden. Verführen kann nur, wer schon verführt ist.

Sex ist der Auslöser der Beziehungserfahrungen. Danach kommt es immer wieder zur Trennungskatastrophe und dann wieder zum Streben nach Wiederherstellung: Pheromone sind also Boten- und Lockstoffe unserer Gefühle, Absichten und Intentionen. Sie transportieren diese aerogen und werden meist unbewusst wahrgenommen. Die Feinzusammensetzung der Pheromone hängt von der genomischen Struktur eines Menschen ab. Die Wirkung, die er im Empfänger hervorruft, ebenso. Durch Einnahme antikonzeptiver Hormone wird die Geruchswahrnehmungsfähigkeit für feminine Pheromone beim Mann gestört, was die Wahl eines geeigneten Partners beeinträchtigt.

Das Epigenom steht auch unter der Kontrolle der Ketonkörper der extrazellulären Matrix. Deswegen ist die Belästigung des Trophoblasten vor der artefiziellen Nidation eine gefährliche, latent carcinogene Zumutung, wie sich im Laufe des Lebens so erzeugter Wesen noch herausstellen wird.

Die artefizielle Zeugung macht aus der geordneten Sprache der Epigenomik ein stochastisches Lallen. Die Feinsteuerung der Epigenomik geht durch die mechanische und stofflichen Attacken verloren.

Die Feinsteuerung der Epigneomik und damit der Epigenese und Embryognese erfolgt, soweit bisher bekannt, über Methyl- und Acetylgruppen, die jeweils an der Promotorregion von Oncogenen und Tumorsuppressorgenen über den An-Aus-Zustand dieser wachen. Wie die Nornen der Mythologie, in Abhängigkeit von den essenziellen Aminosäuren Methionin und Threonin.

Aus Threonin wird Glycin und Actyl CoA. Aus Methionin S-Adenosylmethionin. Aus Lysin und Zink werden sogenannte *Zinkfingerproteine,* die für die vorübergehende und stets volatile Stabilität der alten und neuen Formen und

Strukturen der Zelle sorgen. Methylasen, Acetylasen und Transferasen helfen dabei, wenn man sie lässt. Sie sind energieabhängig.

Der freie Fluss der Elektronen und Protonen in der mitochondrialen Atmungskette des mütterlichen Ovums und seiner späteren Trophoblasten-Matrix, sollte unter Schutz des Heiligen und Transzendenten gestellt werden. Zur Wahrung der Menschenwürde. Alles andere ist Zell- oder Körperverletzung.

Stattdessen ist er Spielball der Beliebigkeit und Begehrlichkeiten, begleitet vom unfähigen Bemühen der Gesetzgeber und sich selbstermächtigender sogenannter *Ethik-Kommissionen*. Hier werden Defekte für Jahrzehnte erzeugt, die möglicherweise auch noch vererbt werden.

Es sei hier frei nach J. Testart zitiert und prognostiziert (des hommes propables, Testart, J, Paris, Seuil, 1999): *So erscheint die künstliche Befruchtung immer mehr wie ein Bestandteil des Transhumanismus, nach dessen Lehre der erweiterte Mensch mit Maschinen zu Mensch-Maschine-Kombinationen verschmilzt, die von Gewalt und Sex befreit in der Lage sein werden, sich selbst zu reproduzieren ...* was dann selbstverständlich kontrolliert werden muss, von der obersten Reproduktionsbehörde. Die Beschlagnahmung der individuellen genetischen Beratung durch die Akademie der Wissenschaften wird ja schon vorbereitet.

Der erweiterte Mensch wird notwendigerweise Produkt eines Polizei- und Überwachungsstaates sein. Seine Zellen und sein Körper werden ebenso wie sein Gehirn mit RFID-Technologien überwacht, manipuliert und kontrolliert werden. Lebenslänglich, wenn man das noch Leben nennen kann. Von dieser Entwicklung profitieren die Elektronik- und Sperma-Hersteller.

Das Ovum – das Prinzip Ei

Als einzige Zelle vermag das Ei auch außerhalb seines Organismus, welches ihn hervorbringt, zu überleben.

Die Entscheidung des Ovums, des Eis der Frau, einem Spermium den Zutritt zu gewähren, es nochmals eindringen zu lassen, wird bei der künstlichen Befruchtung durch Mikroskope, Pipetten, Joysticks und den technischen Willen ersetzt.

Das erinnert an die Tötung und Vergewaltigung von Menschen durch Drohnen. Man bewirbt diesen Vorgang unter der Bezeichnung *Wunschkind*. Die Kinder werden dabei nicht gefragt. Sie werden auch nicht gefragt, was sie von der Samenspende und ihren Folgen halten. Das so technisch erzeugt Kind ist nicht mehr das Bild der Eltern bei der Zeugung.

Die wenigsten Mütter denken an die Perspektive des Kindes bei Mitteilung der anonymen Vaterschaft: *Mein Leben war plötzlich weg.*
Dem Diktat der Fruchtbarkeit wird die Seele geopfert, In folgender Reihenfolge:
- die Beschädigung der Mutter,
- die Aufgabe der Mutterschaft,
- das Verschwinden des Vaters, der Väter,
- das Ende der Familie.

Von der Beschädigung des kreierten Wunschkindes und seiner Benachteiligung auf epigentischer Ebene ist auch kaum noch die Rede.
Bei der mechanischen Injektion des Spermiums in das schon vorher durch aggressive Hormonbäder in seiner natürlichen Epigenomik veränderte Ovum, wirken keine sanften enzymatischen Kräfte an der Zellmembran, sondern mechanische Implosionen, die die weitere Vergewaltigung des maternalen Apparates auslösen. Das Epigenom der mütterlichen Zelle wird sozusagen mit dem Hammer begrüßt und breitgeklopft. Von sanfter Begrüßung und schonender Integration des maternalen und paternalen Apparates kann nicht mehr die Rede sein. Vielmehr ist diese ICIS ein molekularer Weltkrieg.
Von schonender und kreativer Demethylierung, Deacetylierung und sich dann anschließender kreativer und in genügender Gelassenheit ablaufender Remethylierung und Acetylierung ist keine Rede mehr, von der Genfer Konvention ebenfalls nicht. Das ist Okkupation und Kriegführung gegen noch nicht Geborene. Ein ganz neuer Tatbestand, der bisher der Bewertung medizinjuristischer Fachkreise entgangen ist.

Nach diesem barbarischen Gewaltakt, der einer Vergewaltigung gleichkommt, wird dann wenige Tage später der nach einigen Zellteilungen des so kreierten Embryos entstandene Trophoblast aufgehämmert, um das Konstrukt für die Nidation in die sogenannte *Mutter* oder *Leihmutter* vorzubereiten. Die Barbarei geht also weiter. Frei nach dem Motto: *Nicht das Böse fürchte ich, sondern die Spirale des Schlimmeren.* Von Umhüllung oder embryonaler Ruhe kann nicht die Rede sein.

Wer wir wir Onkologen und Gynäkologen um die prekäre Zwiesprache der Zellen mit ihrer extrazellulären Matrix weiß, wer weiß, dass diese Zwiesprache Krebs vermeidet oder im Falle des Scheitenrs Krebs auslöst, ist entsetzt, dass diese veterinärmedizinischen Methoden der Befruchtung als zumutbar und genehmigungsfähig betrachtet wurden und werden.
Das Phänomen Ovum ermöglicht die Universalität in der Ontogenese der geschlechtlich fortgepflanzten Lebewesen. Das Ei ist zurecht ein Mythos, vom Kleinlebewesen bis hin zum Menschen, solange es ihn noch gibt. Von der Schildkröte über das Huhn (Osterei!).

Geburt und Leben bedeutet also von innen kommen, nach dem Platzen der Umhüllung in eine neue Sphäre geworfen zu werden. Das ist den Wünschen der Gesellschaft und der Ahnungslosigkeit des Gestzgebers geschuldet. Von sogenannter Ethik-Kommissionen möchten wir hier nicht sprechen.
Mit der Wahrung der embryonalen Menschenwürde hat das nicht das Geringste zu tun, es ist die fortgesetzte und vorsätzliche Beschädigung dieser.
Das Besondere des Ovum humanum ist seine Verinnerlichung: Das hat so revolutionäre Organschöpfungen zur Voraussetzung wie Uterus und Plazenta sowie die Kombination und Balancierung von zunächst epithelial-mesenchymaler und dann mesenchymal-epithelialer Transition.
Entwicklungsprozesse statt Baupläne: Dies erklärt die Plastizität der Embryognese einerseits, ihre Anfälligkeit und Verbindung mit der Carcinogenese andererseits; Krebs als Trittbrettfahrer der Evolution – er wird nach einer Störung der Epigenese durch eine eine epithelial-mesenchymale Transition verursacht. Es gehen dann unsterbliche Stammzellen auf Wanderschaft und besiedeln, ohne den Innenraum verlassen zu können, also ohne geboren zu werden, den Wirtsorganismus, um ihn von innen heraus zu zerstören.

Gott würfelt nicht mit dem Universum

Darf der Mensch mit der Zelle würfeln?

Darf er das Epigenom verändern? Wird er damit zum Mitschöpfer? Darf er in die Speichen der Evolution eingreifen, sich selbst dazu ermächtigen, ohne ermächtigt zu sein, die Zelle, das Leben zu verändern, zu utilisieren, zu versklaven, zu industrialisieren, seinen Begehrlichkeiten zu unterwerfen?

Wir stehen an der Schwelle zu einer Eugenomik und Epigenomik, die rasch in die Abgründe der Euthanasie für Zellen führt. Beobachtet man die Kasino-Mentalität einiger Stammzellforscher, so fehlen einem die Worte der Verachtung für diese Mischung aus Spekulation, wissenschaftlichem Ehrgeiz und abgrundtiefer Respektlosigkeit vor dem Leben. Einige davon sind schlicht kriminelle Fälscher, denen das Handwerk gelegt werden müsste (Koreaner, Japaner, auch Deutsche sind darunter zu finden). Sie arbeiten an der Sackgasse der Evolution ohne Überwachung an der Enteignung der Zelle. Sie greifen in die Epigenomik und Epigenese ein als ahnungslose Technokraten.

Die Genexpression ist variabel

Ernährung, Stoffwechsel und Lebensstil, ja auch das Denken greifen in die Acetylierung und Methylierung der Eiweiße der Chromosomen ein und bestimmen darüber, welche Gene tätig werden und welche nicht, welche Zellen regeneriert werden und welche nicht, welche Zellen absterben oder welche Zellen zu Tumor-Stammzellen werden. Die Pluripotenz der Stammzellen hängt von der Aminosäure Threonin ab. Sein Stoffwechsel ist mit dem Acetyl-COA verbunden und mit dem Methionin gekoppelt.

Entscheidend ist die Methylierung und die Acetylierung des Genoms. Die Gene stehen in Zwiesprache mit dem Nervensystem und der Umwelt. Deswegen denken Sie gut, handeln Sie gut, essen Sie gut. Bewegen Sie sich richtig. Die Zellen dankt es Ihnen mit Stabilität. Autoimmunität und chron. Stress wirken sich genauso auf die Genomik aus wie Umweltgifte und Bewegungsmangel.

Eine Störung des epigenomischen Profils findet nicht nur in der menschlichen Zelle statt, sondern auch in der pflanzlichen und in der tierischen. Dies führt dazu, dass die Exekutoren der Epigenomik, nämlich die mRNA vom Golgi-Apparat anders sezerniert werden und in anderer Qualität und Quantität in der Blutbahn zirkulieren. Es kommt zu einer Störung des zelldifferenzierenden Potenzials, welches sich in Jahrmillionen der Evolution herausgebildet hatte, und im Endergebnis zu einer Störung oder sogar dem Ausfall der Regulation der epithelial-mesenchymalen Transition.

Das geschieht auch bei der Künstlichen Insemination. Liebe ist da nicht mehr die Vereinigung der Sphären: Über die Lippen, über den Kuss, über den Geruch, über den Geschmack, die Verführung. Sie lässt nicht mehr den Ergänzungszauber durch einen schöne Menschenkörper erleben.

Verlegt man die Insemination des Ovums nach außen, wird auf den Phallus verzichtet, auch auf einen Teil der Mutterschaft. Kommt noch der Verzicht auf den Geburtsvorgang hinzu, fehlt die physiologische Begegnung mit der Enthüllung, gehen die Wurzeln der Weisheitsbäume verloren. Es wird nicht mehr zu den Müttern hinabgestiegen, um in ihnen etwas zu finden, das man *Erkenntnis* nennen kann. Der Tod kann auch nicht mehr zum Königsweg der Erkenntnis werden, zum Übergang in die friedliche Auflösung und Entgrenzung der Form, sondern wird zur Höllenfahrt über den Styx zum Hades.

Lassen Sie sich von den Stammzellforschern also nicht verführen, vermeiden Sie Störungen der epithelial-mesenchymalen Transition

Die epithelio-mesenchymale Transition: EMT/MET

Nach Auflösung epithelialer Zellschichten finden sich in der Blutbahn Tumor-Stammzellen, die OCT-3/4 und C-Met positiv sind und ZEB1, also einen epithelio-mesenchymalen Genotypus aufweisen und den angiogenetischen Switch vollzogen haben, indem sie durch VEGF-Bildung Blutgefäße rekrutieren können, teilungsaktiv und invasiv sind (c-myc, ck-ras, Urokinase).

C-Met bedeutet: Stammzellen spezifisches Oncogen, eine die Transskription steuernde Kinase, die den Übergang von epithelialen in mesenchymale Zellen steuert und für Wachstum und Angiogenese unabhängig vom VEGF sorgt, sowie für Zellwanderung und Metastasierung.

Der Übergang vom epithelialen um mesenchymalen Zelltyp wird als *epithelial-mesenchymale Transition* (EMT) bezeichnet.

OCT-3/4 reguliert die Stammzell-Identität und Polarität. Es ist Mitglied einer Genfamilie, die Transkriptionsfaktoren herstellt, mit deren Hilfe aus normalen Zellen Tumor-Stammzellen werden. Diese Tumor-Stammzellen entziehen sich einer Chemotherapie

ZEB1 ist der EMT-Aktivator, der die Tumorigenität fördert, indem er in die Epithelialität und Polarität der Stammzellen fördernde mikro-RNA 200 inhibiert. Es handelt sich um einen Aktivator des epithelio-mesenchymalen Transitions-programmes EMT. Er verhindert durch Blockade der mikro-RNA 200 den Aufbau der epithelialen Strukturen zugunsten mesenchymaler. Dabei kommt es zum Verlust der Polarität der Stammzelle. Unterstützt wird dies durch die Bildung von Ketonen und Laktaten aus Fibroblasten der Stammzellnische.

Diese Stammzellnische kann durch Biopsie vergrößert und induziert werden, durch den HIF-Faktor. Eine Biopsie aktiviert deshalb das Metastasierungspro-gramm, weil bei der Biopsie schockbedingt eine Hypoxie innerhalb der Zelle und ihrer Atmung entsteht und die Hypoxie-induzierbaren Gene VEGF, PDGF, TGF und EPO entstehen.

TGF, der *transforming growth factor*, begünstigt die epithelio-mesenchymale Transition . Damit wird durch die Biopsie der molekulare Käfig geöffnet und der molekulare Mechanismus der Tumorzellenbeweglichkeit in Gang gesetzt. Die epithelio- mesenchymale Transition kann durch den Verlust des Tumor-Suppressorgenes p53 oder seine Mutation entstehen.

Als Folge des EMT/MET-Programms kommt es zu einer Reaktivierung der embryonalen Mobilität, zur Ausprägung eines Warburgschen Gärungsstoffwechsels

(Akt/mTOR) und zu einer Chemo- und Strahlenresistenz dieser Zellen (MDR, Survivin-Expression).

Weiterhin genießen diese Zellen immunologische Privilegien, d. h. sie werden vom Immunsystem, wenn man diesem nicht hilft, nicht erkannt und schalten es mittels des Tryptophan spaltenden Enzymes *Indolamindeoxygenase* aktiv aus.

Es sollten Maßnahmen ergriffen werden, um diese Tumorstammzellen zu quantifizieren und zu eliminieren:

a) durch eine Tumor-Schutzimpfung,

b) durch eine Vermehrung der Zahl der natürlichen Killerzellen.

Vermeiden Sie Stanzbiopsien! Bevorzugen Sie die *Liquid Biopsy*.

Die Erkennung und gefahrlose Isolierung der Tumor-stammzellen durch Liquid Biopsy

Die Liquid-Biopsy

Liquid Biopsy ist ein modernes Verfahren zum frühzeitigen Nachweis von zirkulierenden Tumorstammzellen aus dem Blut auf der Basis molekulargenetischer Methoden, die dem Erkenntnisstand über Entwicklung und Verlauf eines Mammakarzinoms Rechnung trägt.

Tumorstammzellen
führen zu einem Paradigmenwechsel in Diagnostik und Therapie des Mammakarzinoms

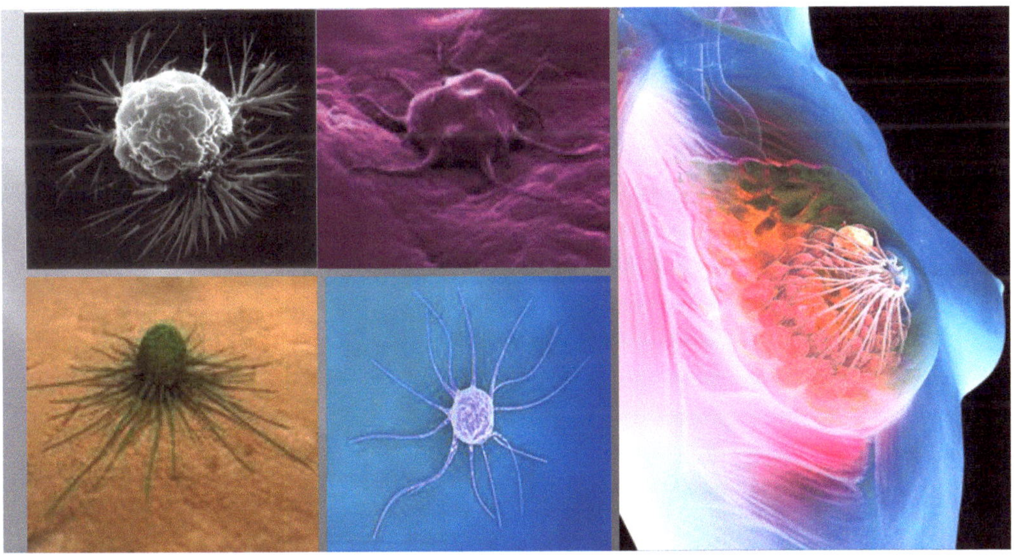

In den 70er-Jahren betrug die Wahrscheinlich, im Verlauf des Lebens ein Karzinom zu bekommen, 1:4, heute liegt sie bei 1:2. Damals bekam jede 15. Frau ein Mammakarzinom, heute etwa jede 7. bis 8. Frau.

Trotz aller Bemühungen werden aktuell 47 % aller Mammakarzinome erst in der Kategorie T2 – T4 entdeckt, d. h. sie sind dann bereits 2 – 5 cm groß, weit fortgeschritten und oft schon systemisch.

Als offizielle Früherkennungsmethoden dienen im molekularen Zeitalter immer noch die nicht nachhaltigen Methoden wie das Mammografiescreening und Abtasten der Brust. Die Ergebnisse aller therapeutischen Bemühungen haben sich in den vergangenen 20 Jahren nicht deutlich verbessern können. Das Zehnjahres-Gesamtüberleben stagniert bei 68 – 69 %.

Gesucht werden Tumorstammzellen, was zeichnet sie aus?

Die Entwicklung der *Liquid Biopsy* ermöglicht es jetzt, wirklich frühzeitig ein Karzinomgeschehen zu entdecken, da mit dieser Methode Tumorstammzellen, die Repräsentanten des Tumors, im Blut nachgewiesen werden können. Sie geben genaue Auskunft über den Verlauf der Krankheit.

Dabei ist die *Labor-Praxisklinik GBR Dr. Kübler & Partner* die einzige Institution weltweit, die in der Lage ist, im laufenden Routinebetrieb Tumorstammzellen qualitativ aus einer EDTA-Blutprobe (7 ml) sicher nachzuweisen. Die Identifikation der typischen Tumorstammzellmarker OCT-3/4, ZEB1, C-MET, sowie von PDL1, erfolgt mit dem *Cellpredikt R*

Gesucht werden gefährliche Einzelgänger, sie sind bewaffnet und entziehen sich erfolgreich der Entdeckung und Identifizierung durch die offiziellen Überwachungsorgane.

Sie leben wie terroristische Schläfer in Nischen , halten sich nicht an das Grundgesetz:
Sie mißachten die Befehle der Ordnungsorgane.
Aufforderungen, zerstörende Aktivitäten einzustellen, werden ignoriert.
Sie verlassen die zelluläre Zivilgemeinschaft trotz Verbotes und nehmen mögliche
Bestrafungen bei Aushäusigsein (Anoikis) auf sich (befohlener Selbstmord, Apoptose).
Sie dringen durch gesicherte Landesgrenzen in fremde Territorien ein (uPA, MMP)
Sie ziehen sich selbstgebaute Tarnkappen über (PDL1-2, IDO, Arginase, CD95)
wodurch sie auf öffentlichen Plätzen (im Blut u. Gewebe) nicht mehr erkannt werden.
Sie verwenden eigene Energiesysteme (anaerobe Glykolyse) zum Schaden anderer,
damit sie von der öffentlichen Versorgung unabhängig sind.
Der polizeiliche Erkennungsdienst kann sie nur an bestimmten Symbolen
(Tumorstammzellmarker:OCT3/4, ZEB1, c-MET,CD44 ,MDR,PDL1-2) erkennen, die bei
Aufnahme in den Club der Terroristen tief in ihre Haut eingebrannt werden.
Sie sind nur durch das speziell trainierte Killerzellkomando der staatlichen
Immunabwehr wirklich zu beseitigen.
Bestrafungen mit chemischen Giften und Radioaktivität sind vergeblich.

**Wie im wirklichen Leben hat auch jeder Asoziale, jeder
Terrorist eine Karriere.
In dieser Entwicklung spiegelt sich seine individuelle
Wirklichkeit.
Auch die Tumor-Stammzellen kommen nicht aus dem
Nichts.
Sie sind die Antwort auf äußere und innere Einflüsse, die zu
Verhaltensstörungen und bei längerem bestehen der Noxen
zu Regulationsstörungen des gesamten Systems führen.
Auch hier gilt für den Makrokosmos des Menschen und den
Mikrokosmos der Zelle das Gleiche: Ein komplexes
Netzwerk, das der Rückkopplung unterliegt, bricht bei einem
Störungsschwellenwert zusammen.
Das System wird chaotisch.**

Garcia -Tejedor A. et al.: J. Theoret. Biol. (1987) 127, 393 – 402.
Influence of the hypercyclic organization on the error threshold

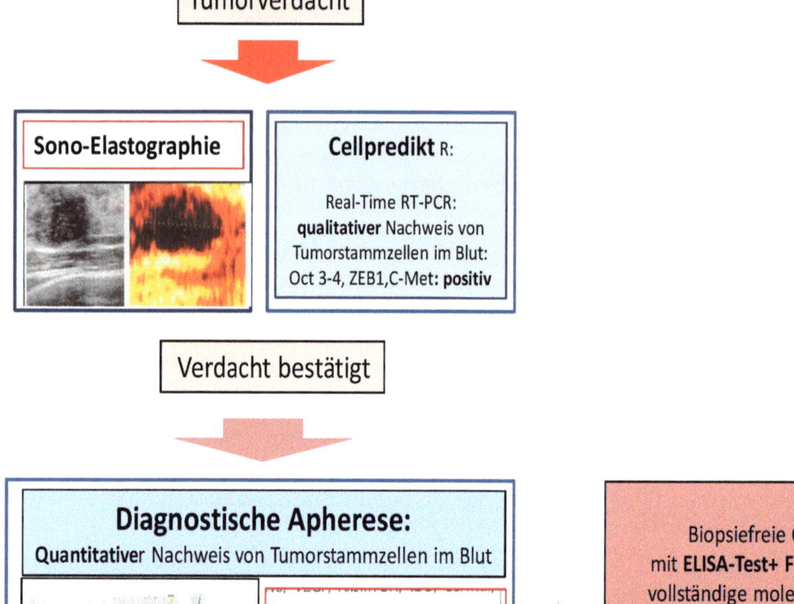

Dasselbe Alleinstellungsmerkmal gilt für den quantitativen Nachweis der Tumorstammzellen aus einem Blutvolumen von 2 – 3 ml über die diagnostische Apherese, wobei die Tumorstammzellen über eine Dichtegradienten-Zentrifugation gewonnen werden. Dadurch ergeben sich entscheidende Vorteile zur Kontrolle des Krankheitsverlaufes und einer individuell abgestimmten Therapie:
qualitativer und quantitativer Nachweis von Tumorstammzellen im Blut,

- Nachweis von Resistenzen gegen Chemotherapie möglich,
- Nachweis, ob Krankheit bereits systemisch,
- Nachweis therapierelevanter Diskordanzen zwischen Primärtumor und Tumorstammzellen im Blut.

Nun weisen die neusten Erkenntnisse auf ein grundlegendes Problem hin: Wird der Nachweis zirkulierender Tumorzellen im Blut nur über Zelladhäsionsmoleküle geführt und nicht über den direkten Nachweis von Stammzell- und EMT-Markern, dann werden nicht die wirklich gefährlichen Tumorstammzellen mit Metastasierungspotenzial und *drug resistance* ermittelt, sondern Tumorzellen, die das EMT-Programm noch **nicht** durchlaufen haben.

Machen die Tumorzellen im Blut eine EMT durch, verlieren sie die epithelialen Marker und entziehen sich damit der Detektion[1 2 3 4]. Auch infolge der Anreicherungsverfahren, wobei eine Tumorzelle aus 7 – 8 ml Blut und dabei unter mehreren Millionen anderer Blutzellen erkannt und isoliert werden muss, treten offensichtlich Verluste auf. Das ist sicher der Grund, warum es auch bei einer niedrigen Anzahl von *normalen"* epithelialen zirkulierenden Tumorzellen im Blut zu Tumorrezidiven und Metastasen gekommen ist, weil die Population der Zellen mit Stammzelleigenschaft und absolvierter EMT nicht erfasst wurde. Um diesen nachteiligen Analysenproblemen zu entgehen, wurde Folgendes angeraten: *An alternative is the enrichment of CTCs based on size and a detailed molecular analysis of the enriched cell population especially in respect to predictive markers like target expression and/or specific mutations.*[5]

---

[1] Mego M., Mani SA., Lee BN, et al.: Inter.J. of Cancer 2012,130: 808 -816. Expression of epithelial-mesenchymal transition-inducing transcription feactors in primary breast cancer.: The effect of neoadjuvant therapy.

[2] Gorges TM,Tinhofer I.,Drosch M.,Roese L.,Zollner TM.,Krahn T., Ahsen O.: BMC Cancer 2012, **12**:178 doi:10.1186/1471-2407-12-178
Circulating tumour cells escape from EpCAM-based detection due to
epithelial-to-mesenchymal transition

[3] Bednarz-Knoll N., et al.: Breast Cancer Resarch 2011,13,228. Clinical relevance and biology of circulating tumor cells.

[4] Gradilone A., Raimondi C., Niccolazzo C., et al.: J. Cell Mol.Med. 2011,15.1066 -1070: Circulating tumor cells lacking Cytokeratin in breast cancer: the importance of being mesenchymal.

[5] Gorges TM,Tinhofer I.,Drosch M.,Roese L.,Zollner TM.,Krahn T., Ahsen O.: *BMC Cancer* 2012, **12**:178 doi:10.1186/1471-2407-12-178
Circulating tumour cells escape from EpCAM-based detection due to epithelial-to-mesenchymal transition

Die Notwendigkeit einer derartigen Vorgehensweise wurde zuvor schon wie folgt zitiert: *Its apparent that EMT-related marker that are specific for circulating-tumor-cell- detection are urgently needed.*6

Nur mit dem Nachweis des EMT-Programmes und der Stammzellmarker wird man die eigentliche *Saat des Bösen*, die TSC, sicher detektieren. Auf sie kommt es an, denn nur sie besitzen die fatalen Eigenschaften wie: Selbsterneuerung, Migration, Invasion, Metastasierung, drug resistance.7 8 9 10 11 12 13 14 15 16 17

[6] Raimondi C, Gradilone A.: Breast Cancer Res.Treat. 2011,130: 449-555. Epithelial-mesenchymal transition and stemness features in circulating tumor cells from breast cancer patients

[7] Singh A., Settleman J.: Oncogene(2010)29,4741 -4751. EMT, cancer stem cells and drug resistance: an emerging axis of evil in the ar on cancer.

[8] Iwatsuki m., et al: Cancer Sci. 2010102(2):293 -9 : Epithelial-mesenchymal transition in cancer development and its clinical significance.

[9] Creighton CJ,Chang JC., Rosen JM: J. Mammary Gland Biol Neoplasia, 2010:15(2): 253 -260. Epithelial-mesenchymal transition(EMT) in tumor- inititing cells and its clinical implications in breast cancer.

[10] May C. et al.: Breast Cancer Research 2011,13,202: Epitheliale-mesenchymale transition and cancer stem cells: a dangerously dynamic duo in breast cancer progression.

[11] Bahriye Aktas1, Mitra Tewes2, et al. Breast Cancer Research 2009, 11,R46 : Stem cell and epithelial-mesenchymal transition markers are frequently overexpressed in circulating tumor cells of metastatic breast cancer patients.

[12] Bonnomet A.,Syne L., et al. Oncogene 2011: A dynamic in vivo model of epithelial-to-mesenchymal transition in circulating tumor cells and metastases of breast cancer.

[13] Godde NJ.,et al.: J.Mammary Gland Biol Neoplasia 2010,15(2): 149 -68. Cell polarity in motion: redefining mammary tissue organization through EMT and cell polarity.

[14] Micalizzi DS.,Farabough SM.,Ford HJ.: J. Mammary Gland Biol Neoplasia 2010.15(2),117 -134: Epithelial-mesenchymal transition in cancer: parallels between normal development and tumor progression.

[15] Hardy KM et al.; J.Mammary Gland Biol Neoplasia 2010(15)2,191 -199. ErbB/EGF signaling and EMT in mammary development and breast cancer.

[16] Radisky ES,Risky DC: J. Mammary Gland Biol Neoplasia, 2010,15(2),201-212. Matrix metalloproteinase-induced epithelial-mesenchymal traqnsition in breast cancer.

[17] Raimondi C, Gradilone A.: Breast Cancer Res.Treat. 2011,130: 449-555. Epithelial-mesenchymal transition and stemness features in circulating tumor cells from breast cancer patients.

Haben diese Zellen das EMT-Programm absolviert, dann können sie aus dem Primärtumor entkommen18. Daher ist das Erkennen der Entwicklung eines Phänotypes mit epithelio-mesenchymaler Transition für die Krankheitsentwicklung so wichtig19, denn wenn sie vorliegt, dann versagen konventionelle Therapien20, sowie auch eine neoadjuvante Chemotherapie (NAT)21 22 23.

[18] Micalizzi DS.,Farabough SM.,Ford HJ.: J. Mammary Gland Biol Neoplasia 2010.15(2),117 - 134: Epithelial-mesenchymal transition in cancer: parallels between normal development and tumor progression.

[19] Kallergi G., Papadaki M. et al.: Breast Cancer Research 2011,13,R59. Epithelial to mesenchymal transition markers in circulating tumor cells of early and metastatic breast cancer patients.

[20] Bahriye Aktas[1], Mitra Tewes[2], Tanja Fehm[3], Siegfried Hauch[4], Rainer Kimmig[1] and Sabine Kasimir-Bauer[1] Breast Cancer Research 2009, 11,R46 Stem cell and epithelial-mesenchymal transition markers are frequently overexpressed in circulating tumor cells of metastatic breast cancer patients.

[21] Bednarz-Knoll N., et al.: Breast Cancer Resarch 2011,13,228. Clinical relevance and biology of circulating tumor cells.

[22] Mego M., Mani SA., Lee BN, et al.: Inter.J. of Cancer 2012,130: 808 -816. Expression of epithelial-mesenchymal transition-inducing transcription factors in primary breast cancer.: The effect of neoadjuvant therapy.

[23] Li X., Lewis MT., Huang J.,Guiterrez C., Osborne CK. J. Natl.Cancer Inst.(2008)100:672 -679 : Intrinsic resistance of tumorigenic breast cancer cells to chemotherapy.

Informationen zum pathophysiologischen Hintergrund.

Nach Initiierung der ersten Tumorzelle hat ein Tumorzellklon zunächst ein lineares Wachstum.

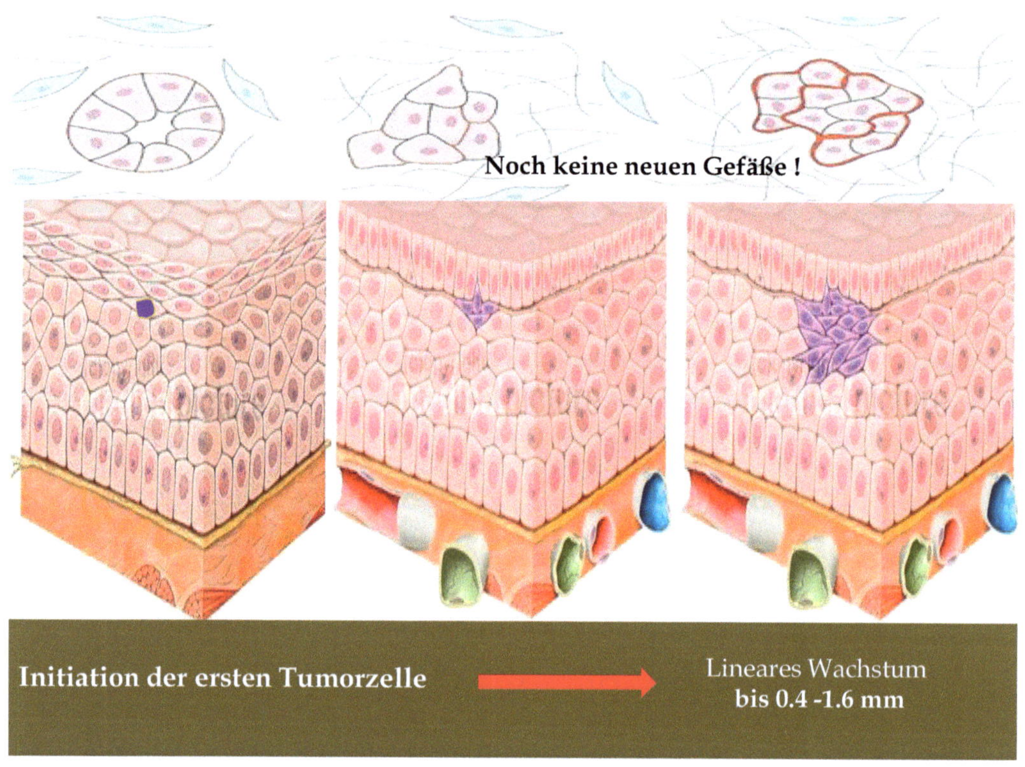

Erreicht er eine Größe von etwa sieben Zellschichten, dann tritt als Folge einer nicht mehr ausreichenden Diffusion von Sauerstoff ein gravierender Energiemangel ein, da eine effiziente Energiegewinnung aus Zucker mithilfe der oxidativen Kraft des Sauerstoffs nicht mehr stattfinden kann.

Um diesen Mangelzustand zu beheben, wird in den Tumorzellen ein Programm implantiert (EMT: epithelio-mesenchymale Transition), das den Tumorzellklon befähigt, neue Gefäße zu rekrutieren und durch die Umschaltung auf eine archaische Energiegewinnung (Warburgsche Gährung) auch ohne Sauerstoff ausreichend Energie in Form von ATP, dem *Benzin der Zelle* zu generieren.

Hat der Tumorzellklon dieses Programm der EMT erfolgreich absolviert, geht es ihm gut. Er kann das lineare Wachstum verlassen und bei optimalen Bedingungen in eine logarithmische Proliferation übergehen.

Frühzeitig und makroskopisch mit bildgebenden Verfahren nicht wahrnehmbar, können nun Zellen aus dem Tumor ab einer Größe von $0.6 - 2$ mm³ in den Blutkreislauf invadieren.

Ab diesem Zeitpunkt ist es möglich, wie es auch bereits praktiziert wird, Tumorzellen im Blut zu detektieren, wobei es aber von besonderer Bedeutung ist, zu erkennen, ob sie den Prozess der epithelio-mesenchymalen Transition (EMT) durchlaufen haben und damit in der Lage sind, sich einen Stammzellcharakter anzueignen.

Ist ihnen das gelungen, repräsentieren sie die *Saat des Bösen*, denn sie sind unsterblich, chemotherapieresistent und entziehen sich jeder übergeordneten physiologischen Kontrolle.

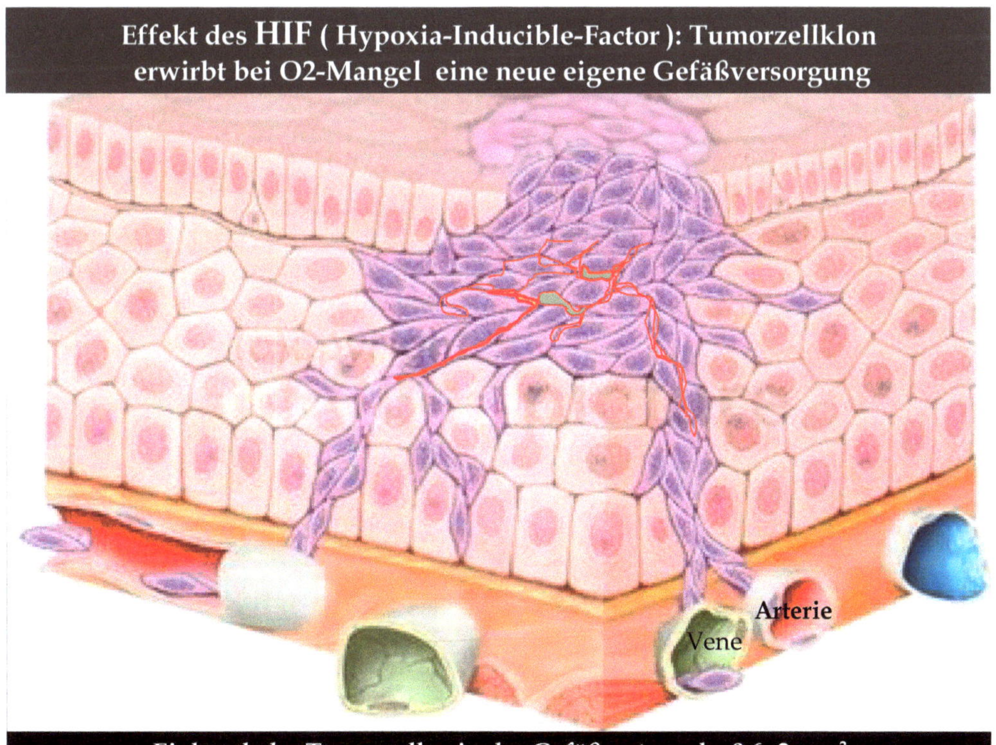

Was bedeutet das für den weiteren Verlauf der Krankheit?

Es genügt nicht, nur den Primärtumor histologisch zu untersuchen! Tumorstammzellen im Blut sind die *Saat des Bösen*, sie repräsentieren das eigentliche Risiko, sie entscheiden über Metastasierung und Tod.

Es gilt zu erkennen, dass das Mammakarzinom eine systemische Erkrankung ist und die intellektuelle Auseinandersetzung im Zusammenhang mit Diagnostik und Therapie zwingend auf zwei Ebenen erfolgen muss. Die bisherige Fokusierung auf den Primärtumor hat den Tumorstammzellen über das alles verbindende Kreislaufsystem einen entscheidenden operativen Vorteil eingeräumt.

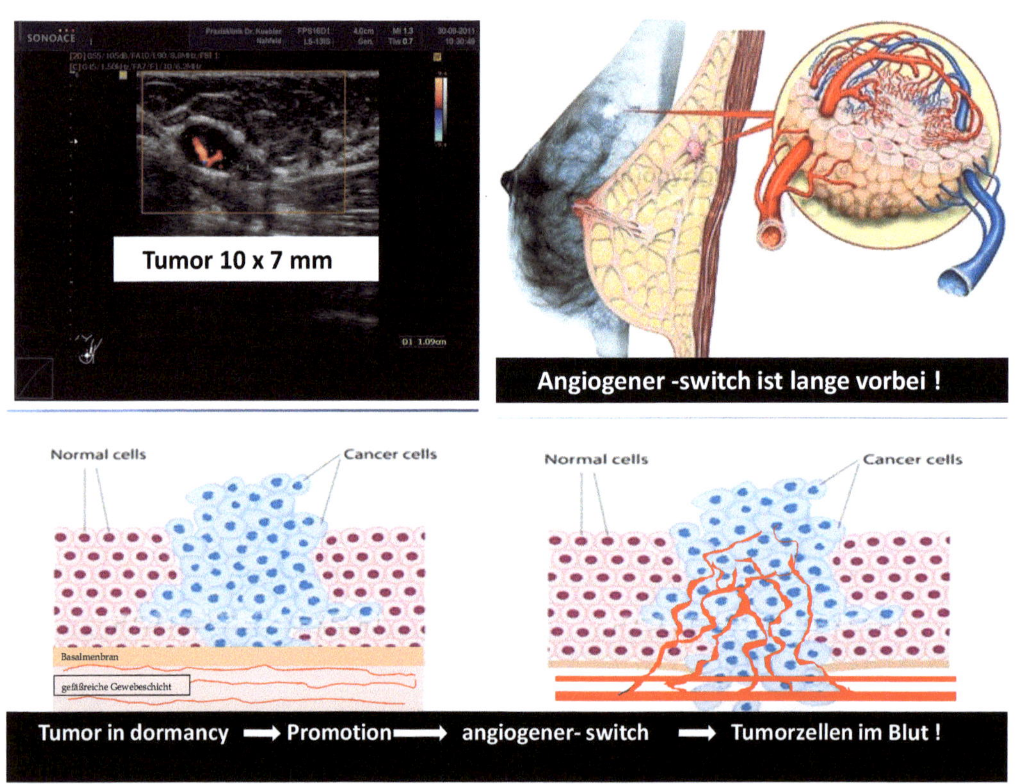

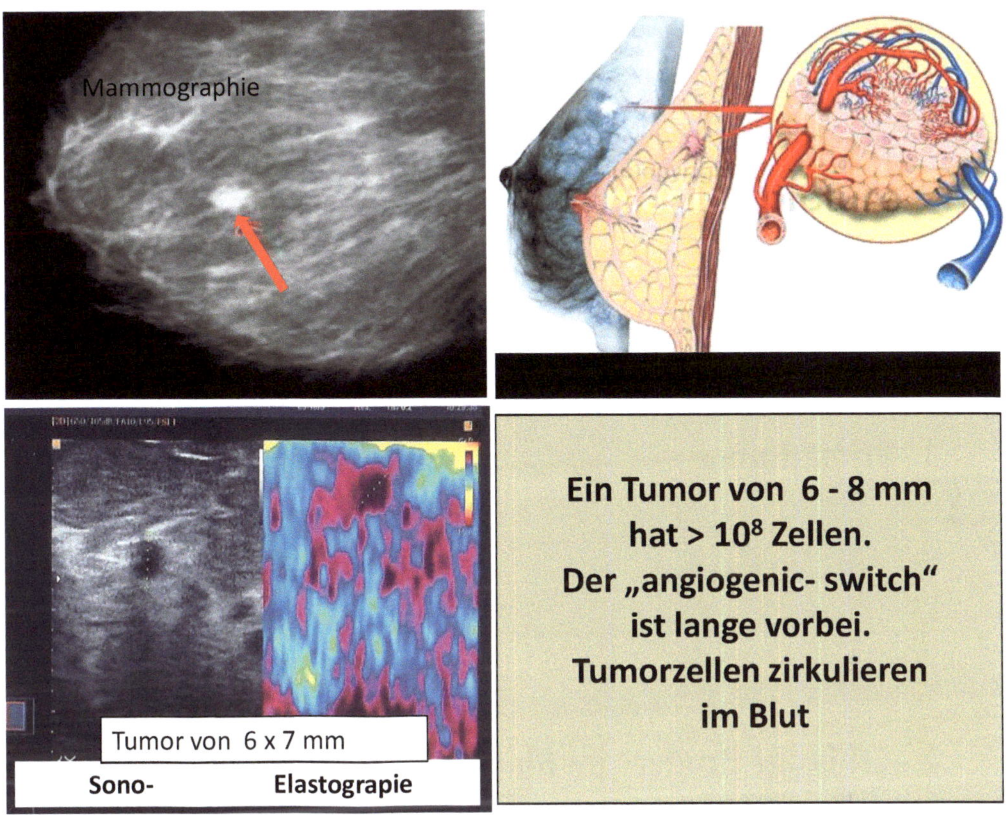

Cell:1996 Aug 9;86(3):353-64.

Patterns and emerging mechanisms of the angiogenic switch during tumorigenesis.

Hanahan D, Folkman J.

"Das Umschalten auf den angiogenen Phänotyp ist notwendige Voraussetzung für das invasive Wachstum des Karzinoms"

Daher sollte gelten:

Das Mammakarzinom ist eine systemische Erkrankung: Man hat immer mit zwei Feinden zu kämpfen:

1 –Primärtumor

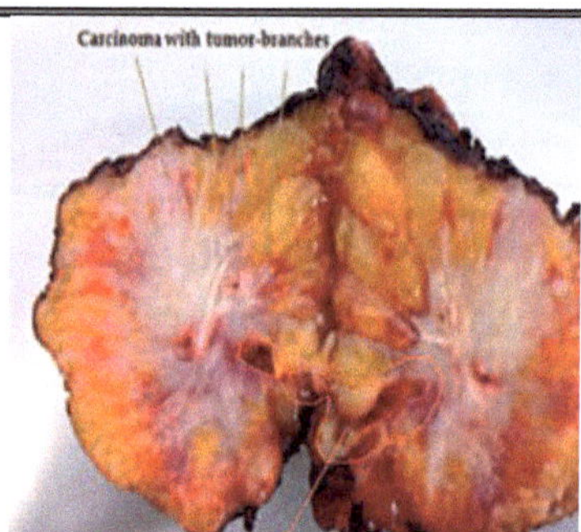

2 – „flüssige Bruder" im Blut (Tumor-/-Stammzellen)

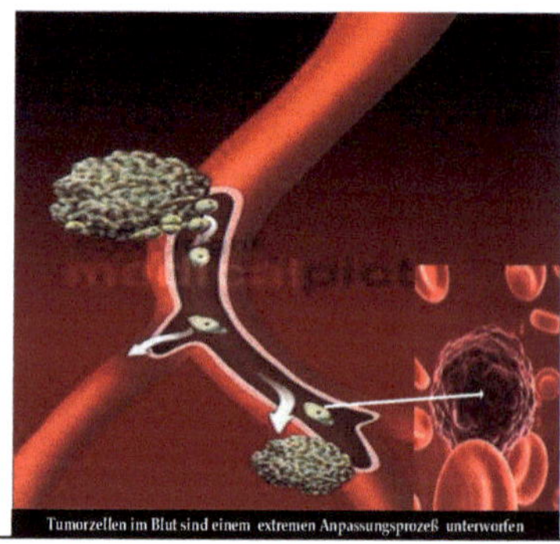

Die Tumor/stammzellen bleiben über viele Jahre im Blut, auch, wie man aus Autopsiestudien weiß, bis zum Lebensende, ohne dass eine klinische Manifestation eintreten muss. Es besteht dann ein Equilibrium zwischen Tumorzell-Angriff und Immunsystem-Abwehr.

MENG S. et al.2004:
Noch viele Jahre nach einer Mastektomie bei
Mammakarzinom können zirkulierende Tumorzellen im
Blut nachgewiesen werden. Es besteht dann eine
Balance zwischen den apoptotischen und sterbenden
Zellen einerseits und den alle paar Stunden über
Replikation von Tumorzellen irgendwo aus dem Gewebe
in das Blut austretenden Zellen andererseits.[1]

Meng S. et al.: Clinical Cancer Research (2004) 10, 8152 – 8162.
Circulating tumor Cells in patients with breast cancer dormancy

Zahlreiche Arbeiten belegen, dass das Immunsystem der entscheidende Faktor
ist, der darüber entscheidet, ob ein Karzinom sich etablieren und entwickeln
kann und eine Therapie erfolgreich verläuft.

2000: Follow-Up-Studie über 11 Jahre:
Für Inzidenz ist die Aktivität der natürlichen Killerzellen
entscheidend.
Eine sich verschlechternde Immunsituation kann
auch zur Aktivierung schlafender Tumore führen, wie auch
eine Immunsuppression das Risiko um über einen
Faktor 7 erhöht.

Matsuyama I. et al.: Lancet (2000) 356, 1795 – 9. Natural cytotoxic
activity of peripheral-blood lymphocytes and cancer incidence: an
11-year follow up study of a general population

Es ist zu beachten:

Nach Entfernung des Primärtumors sollte sich die weitere Therapie
nicht nur an den Eigenschaften des Primarius orientieren !

Das Risiko der Metastasierung hängt ab von
Qualität und Anzahl
der Tumor-/ -Stammzellen im Blut !

Die TZ sind einem permanenten evolutiven Selektionsprozeß unterworfen
und verändern ihre Gensignaturen und damit ihre Eigenschaften.

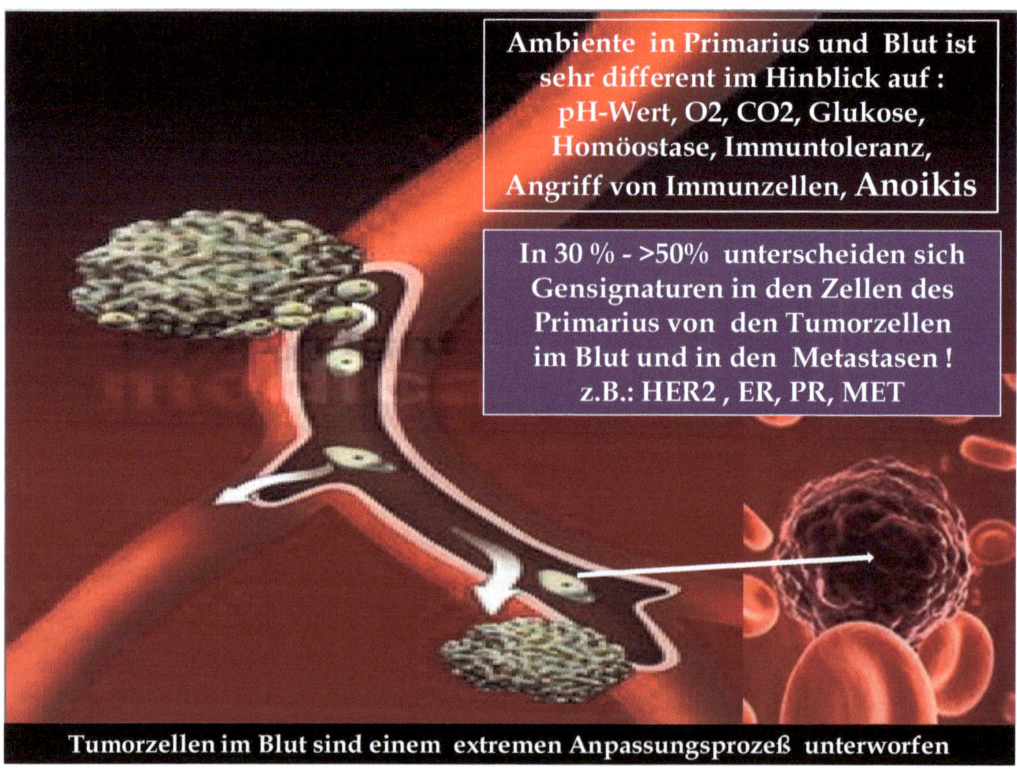

Tumorzellen im Blut sind einem extremen Anpassungsprozeß unterworfen

Ein Tumor ist nicht homogen, er hat unterschiedliche Zellstrukturen. Bei den meisten Zellen handelt es sich um *normale* Tumorzellen, diese reagieren noch auf eine Chemotherapie. Eine kleine Population von Tumorstammzellen entzieht sich aber aufgrund einer a priori vorhandenen oder über die EMT erworbenen Resistenz dieser Therapie.

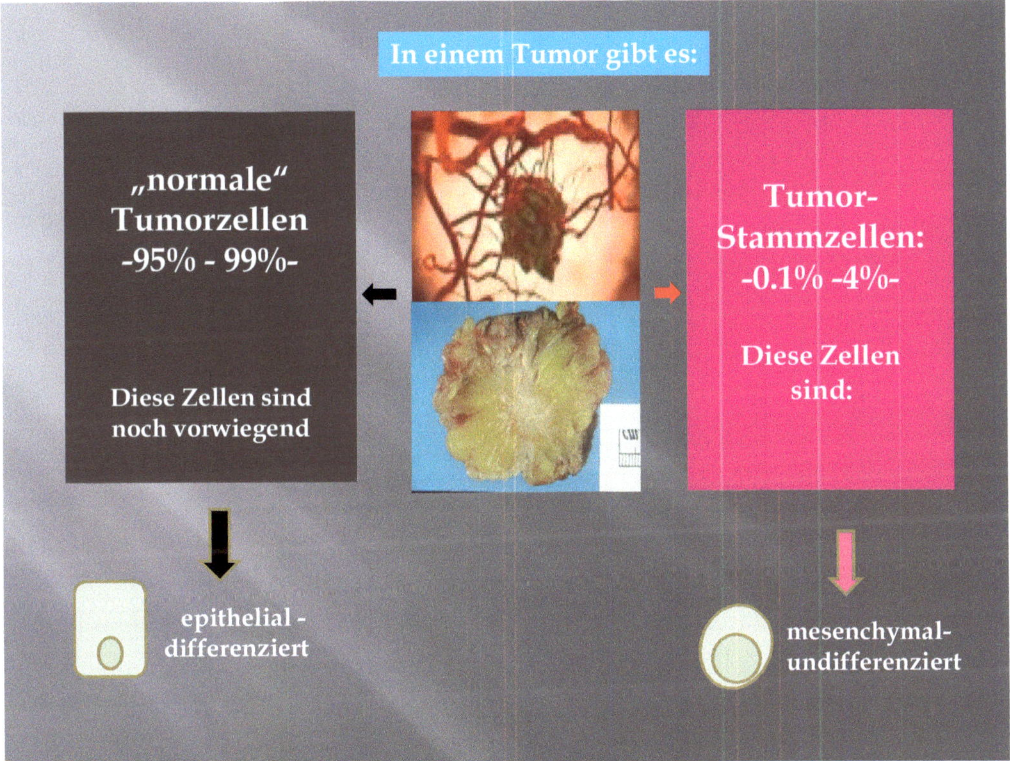

Auch die *normalen* Tumorzellen können den Prozess der EMT durchlaufen und sich einen stammzellähnlichen Charakter aneignen.

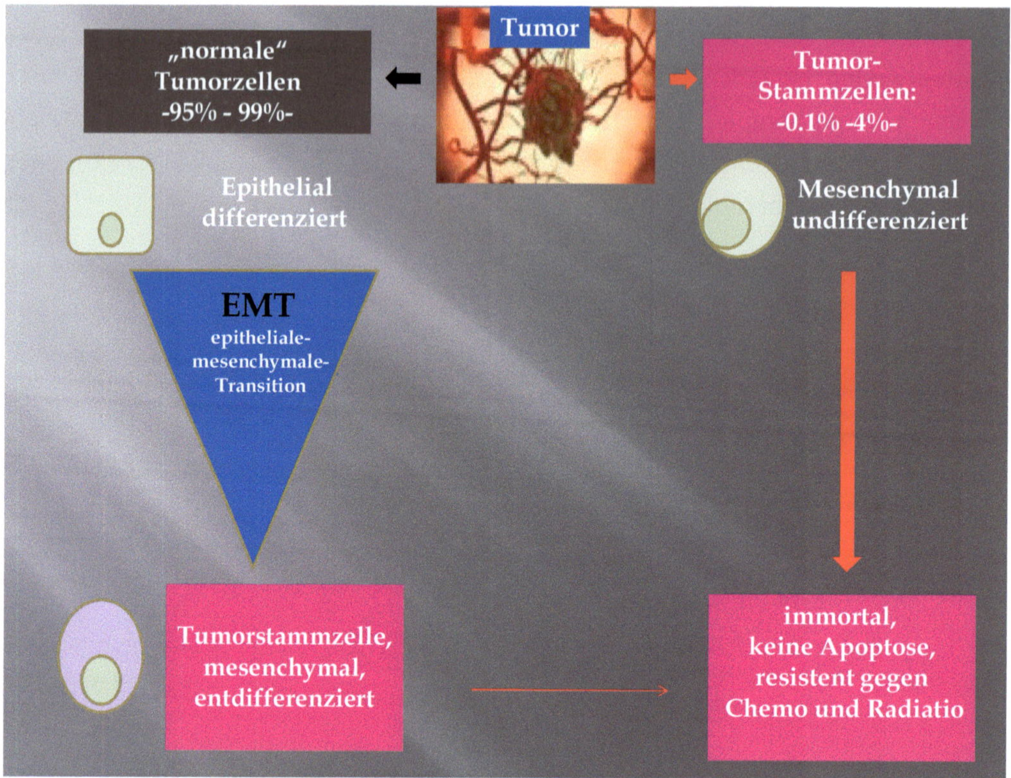

Je nach Ausprägung dieser erworbenen Eigenschaften wird bei der histopathologischen und molekularen Aufarbeitung des Gewebes die Frage nach dem invasiven Charakter der Zellen beantwortet: Sind die Zellen noch differenziert und haben sich epitheliale Eigenschaften bewahrt oder sind sie nicht mehr differenziert und haben schon mehr oder weniger einen stammzellähnlichen Charakter angenommen?

Das sogenannte *Grading* und die molekulare Untersuchung beantworten diese Frage. Die Bestimmung des Zelltypus z. B. *luminal, basal-like* gibt Auskunft über Aggressivität und Therapienotwendigkeiten.

Nach vollständiger Entfernung des Primärtumors hängt der weitere Verlauf davon ab, wie viele Tumorzellen in den Kreislauf invadiert sind und wie viele sich einen stammzellähnlichen Charakter mit invasivem Potenzial aneignen konnten.

Hier ist die *Liquid Biopsy* in der Lage, eine Antwort zu geben: Mit der etablierten Technik ist es möglich, diese Zellen qualitativ und quantitativ aus dem Blut nachzuweisen. Die Charakterisierung ihrer individuellen Eigenschaften ist dann die Basis für die weiteren therapeutischen Implikationen.

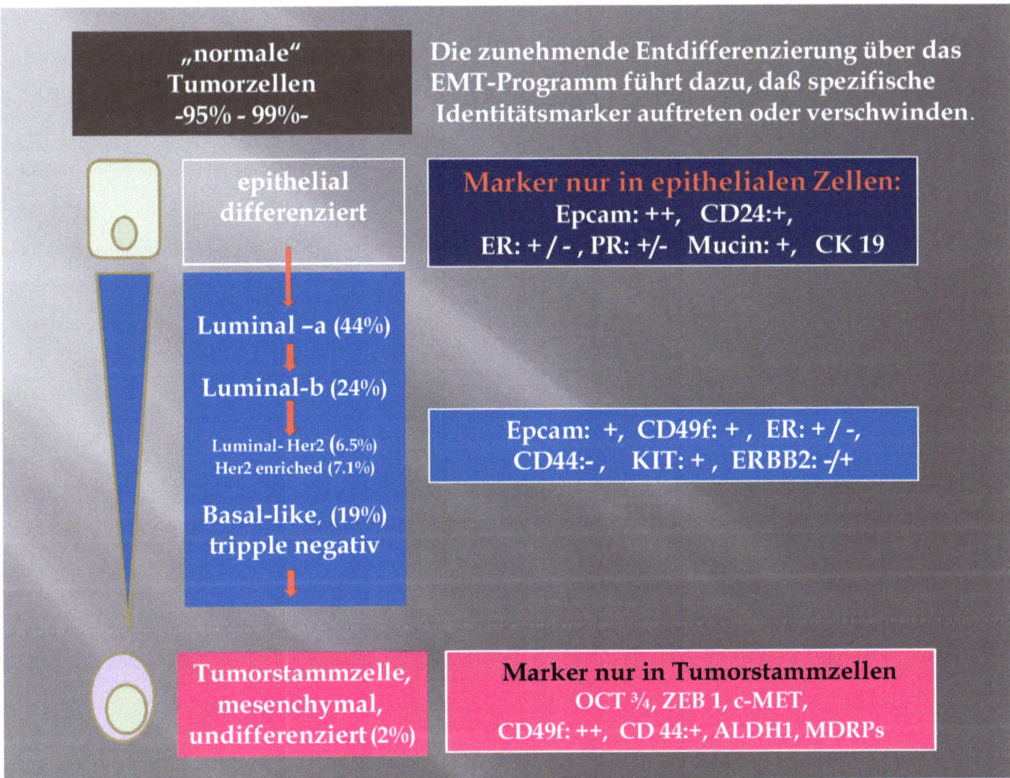

Es ist darauf hinzuweisen, dass Tumorzellen nach einer epithelial-mesenchymalen Transition ihre Epithelialität und damit ihren differenzierten Charakter verlieren. Sie können dann nicht mehr im Blut nachgewiesen werden, sofern das Detektionssystem auf dem Nachweis epithelialer Eigenschaften der Zellen beruht (z. B. Epcam), denn diese gehen im Verlauf der Aneignung eines Stammzellcharakters verloren.

Was hat das zu bedeuten?

Wenn zirkulierende Tumorzellen im Blut über Epcam-basierte Systeme, wie z. B. das *Cellsearch-Verfahre*n, nachgewiesen werden, handelt es sich nicht um Tumorstammzellen, die eigentliche *Saat des Bösen*, sondern um *normale* Tumorzellen!

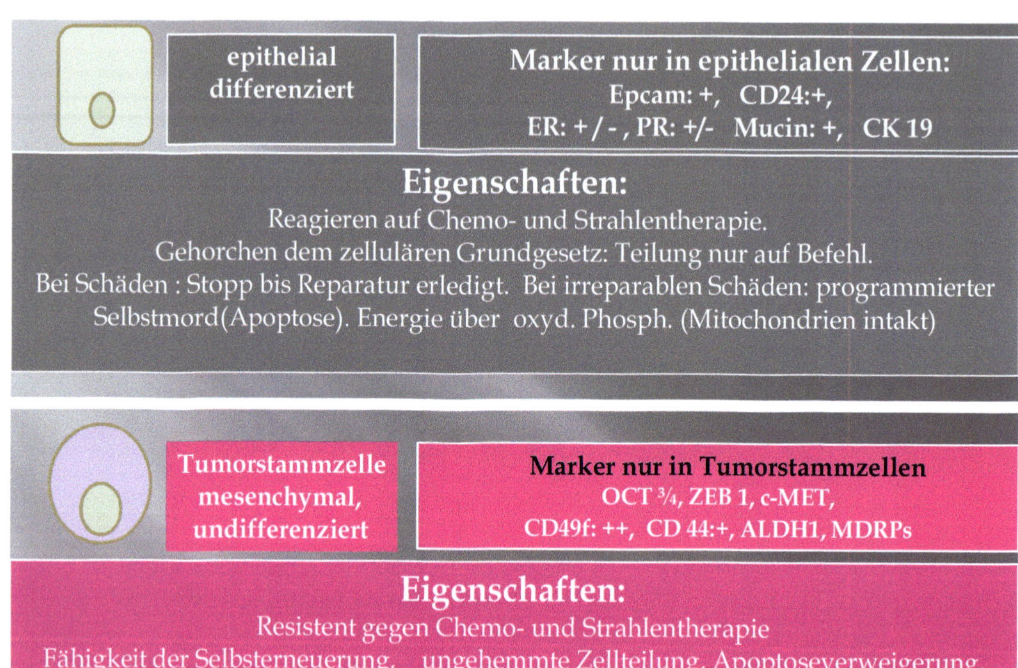

Zur Liquid-Biopsy:

Ist der Tumor bildgebend nachgewiesen und zusätzlich der qualitative Nachweis von Tumorstammzellen mit den dafür typischen Markern (OCT-3/4, ZEB1, C-MET, PDL1-2) positiv, erfolgt die diagnostische Apherese zur Quantifizierung der Zellen.

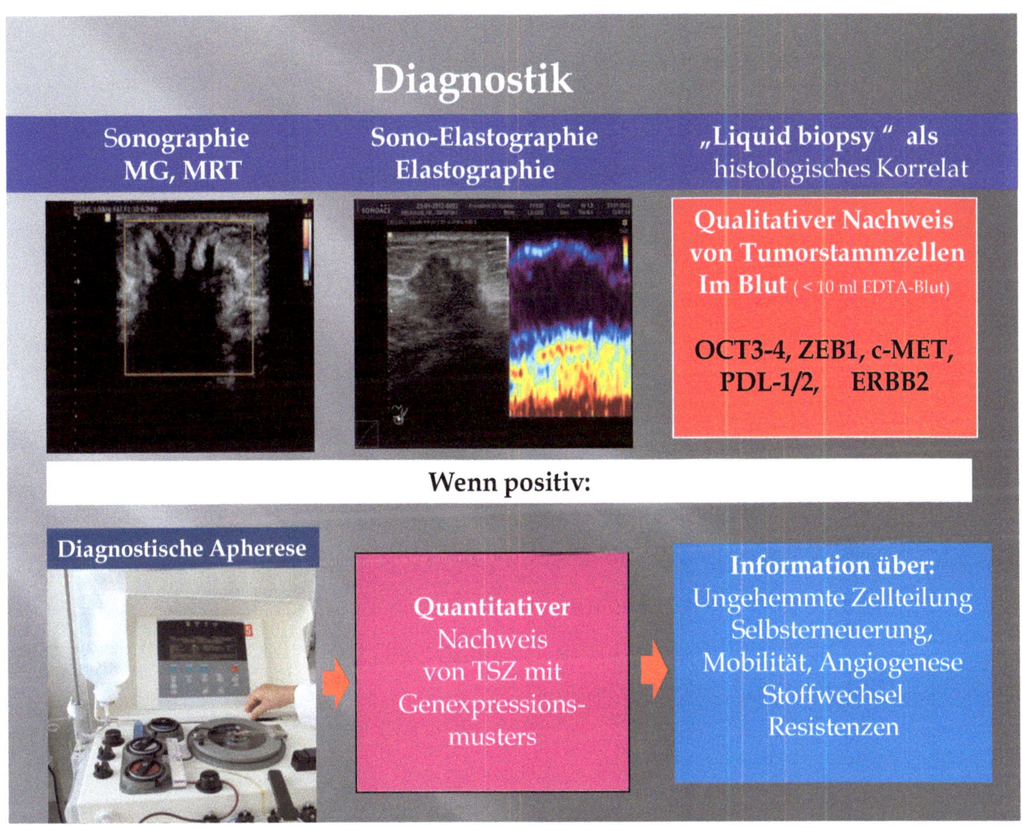

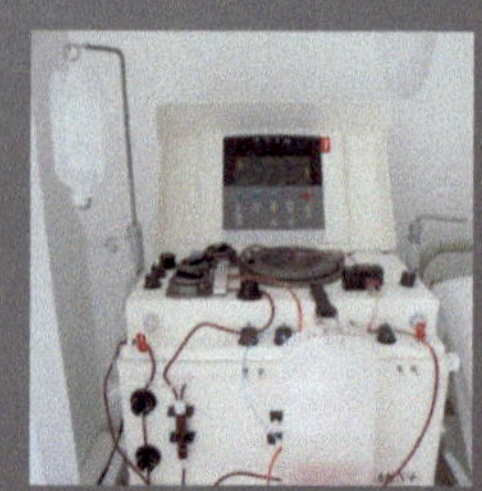

Nach Quantifizierung der Zellen wird an ihnen das individuelle Genexpressionsprofil bestimmt. Dieses gibt Auskunft über die erworbenen, individuellen Eigenschaften der Tumorstammzellen wie Angiogenese, Invasionsfähigkeit, typischer
Tumorstoffwechsel, Chemoresistenz, etc.

**Die therapeutischen Optionen ergeben sich aus der
Anzahl und Qualität der
Tumor-/-Stammzellen im Blut**

I:

**Handelt es sich um eine erhöhte Anzahl von Tumorstammzellen im Blut
mit den Typischen Markern:
OCT ¾, ZEB1, c-MET, CD44 , CD49f, MDRPs
dann sind diese Zellen resistent gegen Chemo- und Strahlentherapie.
Hier kann nur eine Immun-adoptive-Therapie erfolgreich sein**

II:

**Das weitere individuelle Genexpressionsmuster der vorhanden Tumor-/-
Stammzellen bestimmt die zusätzlichen Therapie je nach Marker für:**

**Ungehemmte Zellteilung: EGFR, HER2, HER3, c-Myc, RAS, p53,ER-a,ER-ß
Angiogenese: VEGF, c-Myc, Ras,
Invasionsfähigkeit: Urokinase, uPAR, CD44, CD34,
Stoffwechsel: AKT/ mTOR, TKTL1
TU-escape- phänomen : PDL1-2, Indol-diamindioxygenase**

Die therapeutischen Konsequenzen ergeben sich aus dem Genexpressionsprofil.

Therapeutische Konsequenzen aus dem Genexpressionsprofil

Ungehemmte Zellteilung: ErBB2, ErBB3,EGFR, c-myc, p53, Ras:
Herzeptin, Lapatinib (ErBB2,ErBB3), Phenylbutyrat (c-myc) , Artemisinin (Ras)

Hormonrezeptoren: ER-a, Östrogenrezeptor-ß:
Tamoxifen, Aromatasehemmer (ER-a), Isoflavonoide-Genistein (ER-ß),Biphosphonate

Invasionsfähigkeit : CD44, CD34, Urokinase :
4-Amino-Benzoesäure (Urokinase)

Tumorstoffwechsel : AKT/ m-TOR,
Rapamycin

Angiogenese : VEGF, c-myc, Ras
S-Pflanzenstoffe: Curcurmin, Genistein, Epigallocatechin, Resveratrol, Delphinidin

Unterlaufen des Immunsystems: Indolamin-2,3-Dioxygenase *(Imunadoptive Therapie)*

Tumor-Escape-Phänomen: PDL 1-2: *(Blockade mit z.B. Pembrolizumab)*

Resistenzen: MDR, Y-BOX, p53,c-myc,(gegen Chemo) , Survivin (gegen Radiatio)

Bestehen Resistenzen gegen Chemotherapeutika (MDR,Y-BOX, C-MYC, p53 und Radiatio (Survivin), dann immun adoptierte Therapie und HSP-Vakzine.

Immunadoptive Therapie (nach U. Kübler)

Die Vorstufen der natürlichen Killerzellen, gewonnen aus dem Apherisat, reifen in Zellkulturen aus, werden kultiviert und vermehrt. Dauer: 1-2 Wochen. $2\text{-}4 \times 10^9$ Killerzellen werden dann pro Zyklus reinfundiert.

Die im Apherisat befindlichen Tumorstammzellen müssen vor der Re-Infusion natürlich eliminiert sein (Purging).

Je nach Ausgangssituation (Anzahl der TSZ im Blut) erfolgen 4 -10 Therapiezyklen im Abstand von 2 Wochen, wobei vor jeder therapeutischen Rückgabe die Zellen für den nächsten Zyklus entnommen werden. 3 Monate nach Therapieabschluß wird die Zahl der TSZ erneut bestimmt.

Lit.: U.Kübler : Adoptiver Transfer von natürlichen Killerzellen (NK) als Alternative zu Chemotherapie . Der Privatarzt-Gynäkologie. Ausg.6. Dez. 2010. „.34 -38

Biopsien beinhalten Risiken: Tumorzellverschleppung, hämatogene Dissemination, Aktivierung maligner Transformation (*Pathophysiologische Effekte bei Mamma-Biopsien*, Ekkehard Stähler, Ulrich Kübler, FRAUENARZT 56 (2015) Nr. 7,589-593).

Stanzbiopsien werden bei Verdacht auf Mammakarzinom zur Diagnosefindung zu fast 100 % durchgeführt. Für das Jahr 2008 gab das RKI folgende Zahlen an: 71.660 Mammakarzinome und 6.500 Carcinomata in situ wurden biopsiert. Dazu kamen, je nach Literaturangaben, in 3 – 12,5 % der Fälle Biopsien aufgrund falsch positiver Befunde. Das DKFZ ermittelte, dass auf jedes per Biopsie diagnostizierte Karzinom eine Biopsie wegen eines falsch positiven MSP-Befundes kam. Das Zentrum für Krebsregisterdaten (www.krebsdaten.de, Stand 05/2012) nennt 123,1 Brustkrebs-Neuerkrankungen auf 100.000 Einwohner, somit

100.942 Neuerkrankungen pro Jahr. Ein so häufig durchgeführter Eingriff wie die Biopsie sollte für die Betroffenen kein Gefährdungspotenzial beinhalten. Deshalb müssen Erkenntnisse zu den pathophysiologischen Effekten einer Gewebeläsion durch Biopsie in die Risikoabwägung einbezogen werden.

Die *Liquid Biopsy* umgeht diese Probleme, denn sie hat nicht die Nachteile, die mit einer mechanischen Gewebeentnahme verbunden sind.

Nachteil einer Gewebe-Biopsie:

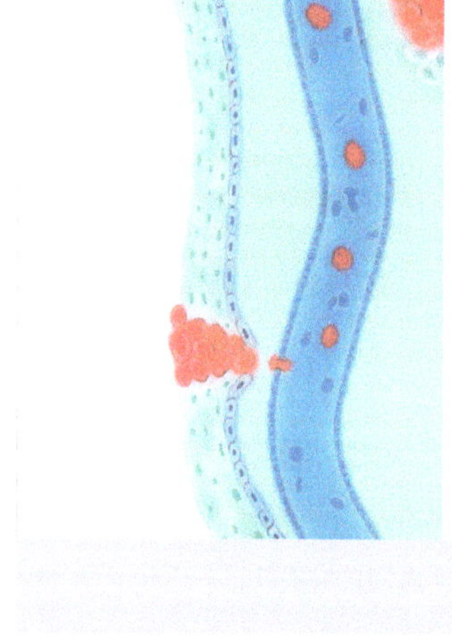

Krebs ist eine heterogene Erkrankung:

. molekulare Eigenschaften differieren innerhalb eines Tumors

. Die Tumor-Biopsie reflektiert nicht den tatsächlichen Krankheitsverlauf.

. Therapie bewirkt evolutive Veränderungen in den TU-Zellen

. Biopsie ist invasiv, „ Malignisierungsbrandbeschleuniger"

. limitiert durch Tumorerreichbarkeit , Patientenverfassung .

. Nicht geeignet zum regelmäßigen Monitoring bei Progression und Rückfall.

. Limitiert durch größeren Bedarf bei molekularem Profiling.

. Chirurgische Entfernung teuer, höhere Kosten

Die liquid-biopsy umgeht diese Probleme.

Die *Liquid Biopsy* ermöglicht den Nachweis von Tumorstammzellen im Blut. Die nachgewiesenen Zellen sind repräsentativ für den Tumor, da ein permanenter Efflux von Tumorzellen aus dem Primärtumor in den Kreislauf erfolgt und alle Zellen ursprünglich aus einem einzigen Zellklon kommen.

Die *Liquid Biopsy* hat dazu den Vorteil, dass man erkennt, ob die Tumorstammzellen im Blut ihre Eigenschaften bereits durch klonale Selektion nach Anoikis verändert haben, d. h. sich von den ursprünglichen Zellen des Primärtumors bereits unterscheiden.

Das zu wissen ist für die Therapie unerlässlich.

Die Wandlungsfähigkeit von Tumorstammzellen ist unter dem Druck von Anoikis und Selektion ausgeprägt. Wie Untersuchungen zeigen konnten, muss davon ausgegangen werden, dass in 30 – 50 % aller Fälle Diskordanzen auftreten, das bedeutete: Primärtumor, Metastase und Tumorstammzellen im Blut sind different und benötigen eine genau darauf abgestimmte Therapie (*Wandlungsfähigkeit von Tumorzellen, Diagnostische und therapeutische Bedeutung der Veränderung von Tumorzellen nach Verlassen des Primärtumors,* Ulrich Kübler, Ekkehard Stähler, FRAUENARZT 55 (2014) Nr. 3, 272- 278).

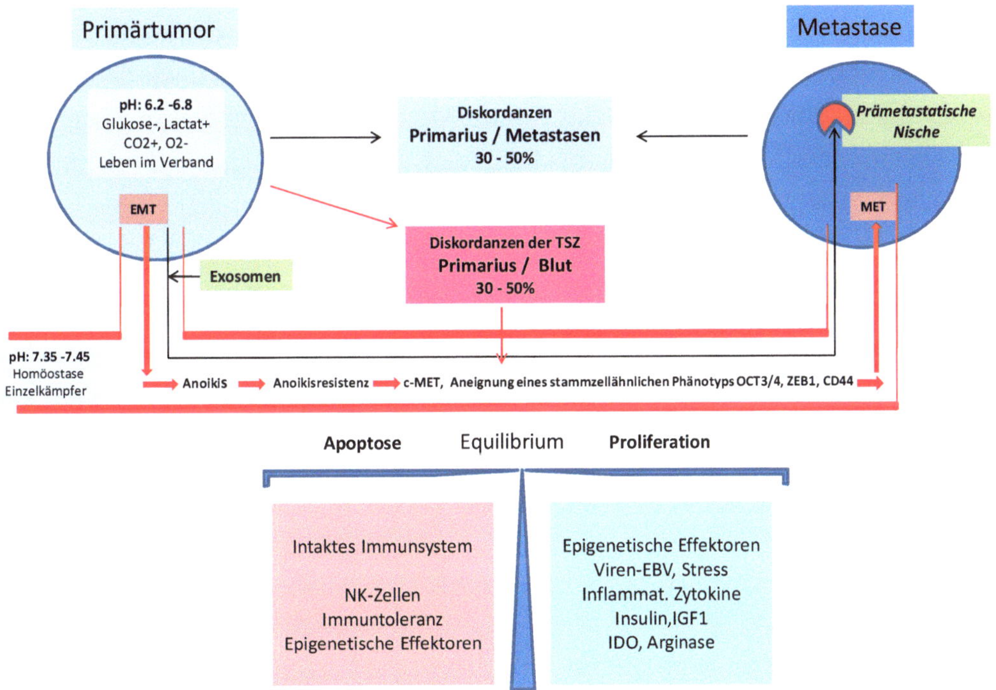

Unerkannte Diskordanzen in der Rezeptor-Expression von ERBB2 und ER-α in Primärtumor, zirkulierenden Tumorzellen und Metastasen gefährden den therapeutischen Erfolg (*Liquid Biopsy – eine interdisziplinäre Aufgabe*, Prof. Dr. Barbara Dockhorn-Dworniczak, Trilliumdiagnostik 2013 11(3):140-142): *Hochempfindliche Analyseverfahren erlauben inzwischen die Untersuchung einzelner Tumorzellen und zellfreier DNA aus Blutproben. Diese sogenannte Liquid Biopsy*

gewinnt zunehmend an Bedeutung, denn sie ist nicht-invasiv und erlaubt die Detektion tumortypischer Genmutationen mit hoher analytischer Sensitivität und Spezifität. Dies dient vor allem der Therapieüberwachung, erlaubt Rückschlüsse auf die Tumorprogression und kann das Auftreten eines Rezidivs anzeigen, bevor dieses klinisch erkennbar wird.

Der Paradigmenwechsel

Der Nachweis von zirkulierenden Tumorzellen im Blut sowie die Identifizierung der Tumorstammzellen als Initiator des Mammakarzinoms, als auch deren Identifizierung als entscheidender Faktor einer Metastasierung, haben in Diagnostik und Therapie des Mammakarzinoms bereits einen Paradigmnenwechsel eingeleitet. Schon 1999 gab es dazu eine erfolgreiche Pilotstudie und 2012 sprechen die Autoren der im *Lancet-Oncology* veröffentlichten Studie über den Wert der zirkulierenden Tumorzellen von einer *important prognostic information*.

Krag D.N., Ashikaga T., et al.:
The Breast Journal (1999) 5 (6), 354 – 358.
Breast cancer cells in the blood: *A pilot study*
"important prognostic"

Lucci A., Hall CS., et al.:
The lancet Oncology 2012(12)70209-7
Circulating tumor cells in non-metastatic breast cancer:
INTERPRETATION:
The presence of one or more circulating tumour cells predicted early recurrence and decreased overall survival in chemonaive patients with non-metastatic breast cancer. These results suggest that assessment of circulating tumour cells might provide **important prognostic** information in these patients

Aussage:
Zirkulierende Tumorzellen kommen
in gesunden Menschen nicht vor

Werden Tumorzellen im Blut nachgewiesen, ist von einem malignen Geschehen auszugehen. Zirkulierende Tumorzellen sind hinsichtlich einer Aussage zum Überleben und der Rückfallwahrscheinlichkeit eines Mammakarzinoms besser geeignet als bildgebende Verfahren.

Budd G.T. et al.: Clinical Cancer Research (2006) 12, 6403 – 6409.

Circulating tumor cells versus imaging - predicting overall survival in metastatic breast cancer.

Aussage:
Zirkulierende Tumorzellen sind zur Vorhersage , das Überleben und die Rückfallwahrscheinlichkeit betreffend, besser geeignet als bildgebende Verfahren.

Auch beim Vergleich zwischen Serumtumormarkern und zirkulierenden Tumorzellen zeigten sich letztere deutlich überlegen, denn diese sagten mit hoher Sicherheit etwas aus über Rückfall- und Überlebenswahrscheinlichkeit –nicht aber die Serumtumormarker.

Stopeck A. et al.: Journal of Clinical Oncology (2005) (23) Nr.16s. 9516.
Circulating tumor cells-not serum tumor markers- predict survival in metastatic breast cancer

Pierga IY et al.: Ann. Oncol. 2012 (3),618-624. .
High independent prognostic and predictive value of CTC compared with serum tumor markers in a large prospective trial in first-line chemotherapy for metastatic breast cancer

Aussage:
Zirkulierende Tumorzellen sagen mit hoher Sicherheit etwas aus über Rückfall- und Überlebenswahrscheinlichkeit - nicht aber die Serumtumormarker !

Die Ergebnisse im Zusammenhang mit dem Nachweis von zirkulierenden Tumorzellen im Blut als Kriterium des Krankheitsverlaufes waren so gut, dass die FDA 2008 für das metastasierende Mammakarzinom und das Prostatakarzinom eine Zulassung aussprach:

Detection of Circulating Tumor Cells in Peripheral Blood of Patients with Metastatic Breast Cancer: A Validation Study of the CellSearch System

Clin Cancer Res **2007**;13(3) February 1, **2007**

Sabine Riethdorf,1Herbert Fritsche,4 VolkmarMu« ller,3 ThomasRau,2Christian Schindlbeck,6 Brigitte Rack,6Wolfgang Janni,6 Cornelia Coith,1Katrin Beck,3 FritzJa«nicke,3 Summer Jackson,4 Terrie Gornet,4 Massimo Cristofanilli,5 and Klaus Pantel

Conclusions: The Cell-Search system enables the reliable detection of CTCs in blood and is suitable for the routine assessment of metastatic breast cancer patients in the clinical laboratory.

2008 wurde das Cell-Search-System in den USA von der FDA für das metastasierenden Mamma-und Prostatakarzinom zur Diagnostik zugelassen!

Im Jahr 2003 wurde erstmals belegt, dass Tumorstammzellen Verursacher des Mammakarzinoms sind.

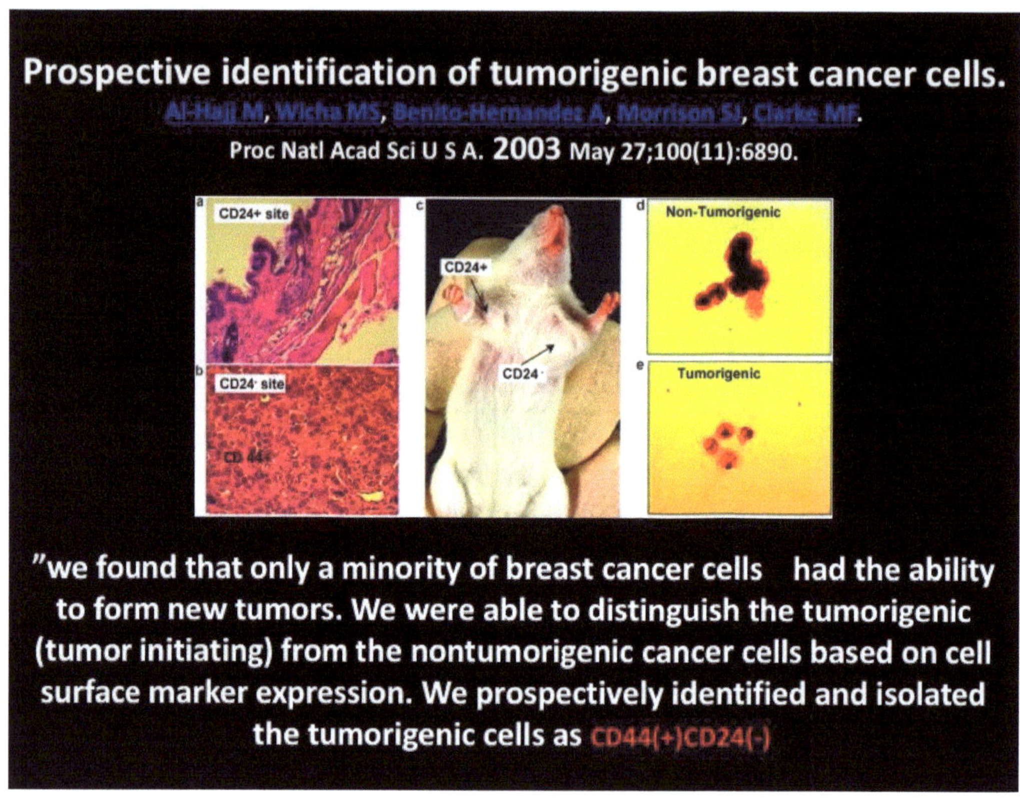

Es wurde schon länger vermutete, dass nur wenige tumorinitiierende Stammzellen für das Karzinomgeschehen verantwortlich sind:

Cancer Stem Cells:
An Old Idea — A Paradigm Shift

Cancer Res 2006; 66(4): 1883-90

Max S. Wicha, Suling Liu, Gabriela Dontu

Abstract:

" cancer stem cell hypothesis that represents a paradigm shift in our understanding of carcinogenesis and tumor cell biology.

This hypothesis has fundamental implications for cancer risk assessment, early detection, prognostication, and prevention.

Furthermore, the current development of cancer therapeutics based on tumor regression may have produced agents that kill differentiated tumor cells while sparing the rare cancer stem cell population"

Bereits 2006 wurde vom *Deutschen Ärzteblatt* der Paradigmenwechsel offiziell verkündet und an der Existenz der Tumorstammzelle besteht nun kein Zweifel mehr:

Nachweis von Tumorstammzellen leitet Paradigmenwechsel ein
Dtsch Arztebl 2006; 103(27): A-1882 / B-1614 / C-1558

„So werden nicht wie bisher die zahlenmäßig überwiegenden, differenzierten Tumorzellen für die Prognose und die Beurteilung des Therapieansprechens ausschlaggebend sein, sondern die Anzahl und die Funktionalität der wenigen Tumorstammzellen im Primärtumor und in den Metastasen.

Deutsche Ärzteblatt : (DÄ 2012; 109(49): A2465).

„An der Existenz von Tumor-Stammzellen (TSZ) besteht kein Zweifel mehr" (DÄ 2012; 109(49): A2465).

Wie die Überlebensstatistiken belegen, hat sich unter den bisherigen konventionellen Therapien hinsichtlich der Fünf- und Zehnjahresüberlebensraten in den letzten 20 Jahren kaum etwas verändert. Der lang erwartete große Durchbruch ist nicht eingetreten! Hintergrund dieses bedauerlichen Phänomens ist die Tatsache, dass bisher weder die zirkulierenden Tumorzellen noch die Tumorstammzelle die Grundlage einer therapeutischen Entscheidung bildeten.

Der aktuelle Standard der adjuvanten Brustkrebs -Chemotherapie besteht in einer Kombination aus Anthrazyklinen und Taxanen. Ein favorisiertes Schema sind vier Zyklen Epirubicin/Cyclophosphamid (EC) in dreiwöchigem Abstand (q3w), gefolgt von zwölf Zyklen Paclitaxel in einwöchigem Abstand (q1w). Bei Risikokonstellationen (hoher Lymphknotenbefall $\geq$ 4 und aggressive Tumorbiologie) sind dosisdichte und dosisintensivierte Protokolle wie das ETC-Schema (q2w) eine Option.

Das Problem der adjuvanten Chemotherapie besteht darin, dass keine zielgerichtete Behandlung von Tumorzellen möglich ist!

Es gibt bisher keine diagnostischen Eckpunkte vor und nach der Therapie, die belegen können, dass die Auswahl der Patientin zur Chemotherapie gerechtfertigt war, wenn man einmal von den Bemühungen absieht, über die Bestimmungen von Gensignaturen im Primärtumor (z. B. Mammaprint-Test, Oncotype) die unkontrolliert hohe Zahl an unnötigen Chemotherapien zu reduzieren.

Aber auch diese Untersuchung ist keine allgemeine Kassenleistung. Weder zirkulierende Tumorzellen noch Tumorstammzellen werden bestimmt. Das ist der Grund warum die Erfolgsquote im Sinne der Heilung nur bei -15 % liegt

Mit bisherigen konventionellen Therapien: kein „großer Durchbruch"

1993: Keine deutliche Lebensverlängerung unter konventioneller
Therapie: „Have we lost our war?"
Editorial: Breast Cancer, LANCET 1993, 1: 343
1995: Gesamtüberlebensrate nach 5 Jahren mit CMF-70 %,
nach FEC 77 %, nach 10 Jahren **60** %
JAMA 1995: 273(7), 542 – 7. Bonadona et al.
J. Clin. Oncol.1998: 12, 2651 - 2658, Levine et al.
2004: Langzeitüberleben seit 1970 bei Mammakarzinom kaum
verändert: *MOSS-REPORT:127, 04 / 2004*
2005: Keine Lebensverlängerung nach 20 Jahren:
Deutsche Ärzteblatt, Jg:102, Heft 40. 07.10.2005
2007: Gesamtüberlebensrate je nach LK-Status nach
10 Jahren zwischen 58 % - **68** %
Ann. Surg. Oncol. 2007:14, 3378 - 3384. Chen et al.
2008: RKI : Von 1980 -2008 ist die Fünfjahres-Überlebensrate
In 28 Jahren von um 9% von 69% auf 78% gestiegen.
2009: Gesamtüberleben nach 10 Jahren (nodal positiv) 48% - **69**%
de Azambuja,Paesmans et al.: J.Clin.Oncol. 2009,27:720 -725
2012: RKI: *absolut Überlebensrate nach 5 Jahren 80%(76-81%)*
nach 10 Jahren 66 % (62- **68**%)

Fakt ist: Die Zehnjahresraten des Gesamtüberlebens haben sich seit über 20 Jahren nicht geändert, sie liegen bis jetzt immer noch bei maximal 68 – 69 %!

Auch auf dem Medizinmarkt wird die Bedeutung der *Liquid Biopsy* hoch eingeschätzt, wie die Zunahme der Angebote zur Durchführung belegt: Bereits seit über drei Jahren werden von großen Firmen Liquid-Biopsy-Methoden angeboten. Diese unterscheiden sich je nach Zielsetzung deutlich, es werden Tumorzellen, Tumor-DNA/RNA und Exosomen nachgewiesen.

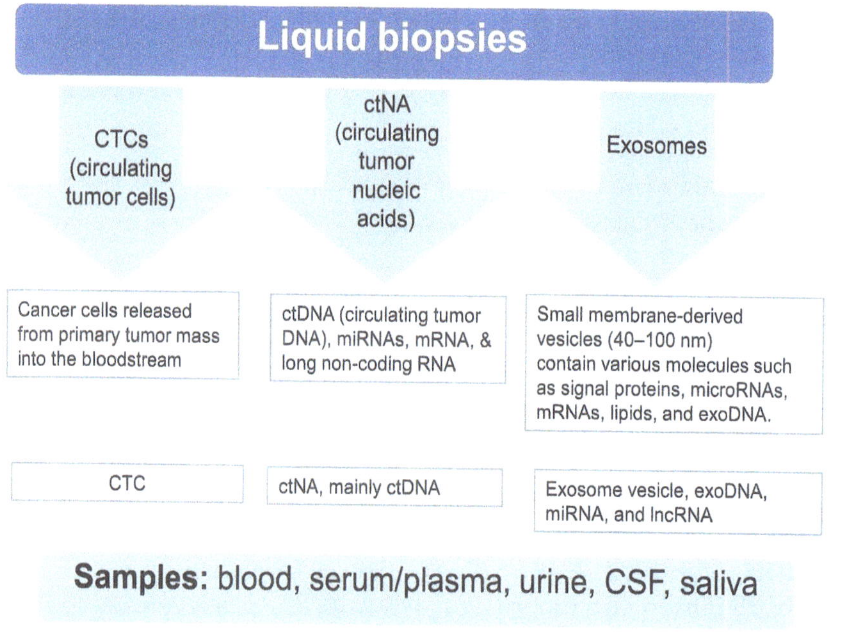

Diaz, Jr., L.A. and Bardelli, A. (2014) "Liquid biopsies: genotyping circulating tumor DNA." Am. Soc. Clin. Oncol. 32. 579.

Circulating Tumor Cells

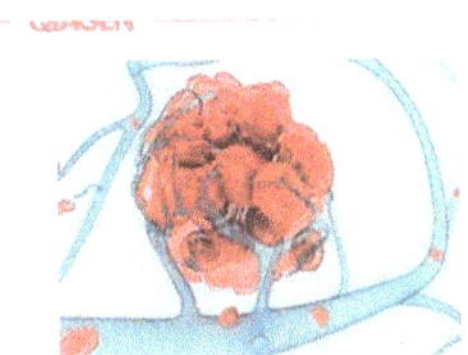

- Formed by cell detachment from the primary tumor mass
- Detected in the blood of patients with solid tumors, including breast, prostate, lung, and colon.
- CTC enumeration serves as a marker for tumor growth as well as for defining tumor aggressiveness. Higher CTC counts mean negative cancer prognosis.

CTCs are extremely rare (~1 per 1 ml of blood), so optimization of CSC isolation and enrichment steps is essential.

Current technologies to detect, capture, and isolate CTCs

- **EpCAM-affinity based:** CellSearch® system, AdnaTest BreastCancerDetect, CTC-Chip, Dynal®, MACS® (magnetic-activated cell sorting system), MagSweeper, On-Q-Ity, CTC-ETI
- **Physical properties-based:** ISET (isolation by size of epithelial tumor cells), ScreenCell®, ApoStream™, density gradient centrifugation
- **Other methods:** FAST (Fiber-optic array scanning technology), EPISPOT (Epithelial immunospot), flow cytometry (FACS), PRO Onc Assay

Limitations:

- **EpCAM-affinity based methods:** have low sensitivity, selection bias, and poor specificity (false negative and positive)
- **Physical properties-based methods:** are elementary and imprecise, with low specificity

Methode Dr.Kübler : selection of native tumor-stem-cells (TSC) from the blood. : detection of 1 TSC / 1 Mill. monocytes.

Rolfo C.et al. (2014) „Liquid biopsies in lung cancer: the new ambrosia of researchers „ .Biochem Biophys Acta 1846,539

Ein Medizininstitut, das die Liquid-Biopsy-Tests anbieten, ist *Qiagen*.

Mammakarzinom: Früherkennung aus tumorbiologischer Sicht

Das Risiko, an einem Mammakarzinom zu sterben, hängt ab von der Anzahl invasionsfähiger Tumorstammzellen im Blut. Aus tumorbiologischer Sicht müsste es das Ziel sein, den Einbruch von Tumorstammzellen in das Kreislaufsystem frühzeitig zu entdecken.

Sind die derzeitigen Methoden der Früherkennung (Mammografie-Screening-Programm: MSP, Selbstuntersuchung der Brust) geeignet, diesem Ziel zu entsprechen; vor allem vor dem Hintergrund einer weltweiten Inzidenzzunahme der Karzinome, die in besonderem Maße auch jüngere Frauen betrifft?

Vorausgesagt wird ein Anstieg von 75 % für die Jahre 2008 bis 2030 für alle Karzinome[24]

Bei den Mammakarzinomen ist seit über 50 Jahren eine Zunahme zu beobachten, wobei ab dem Jahr 2005 ein weiterer Anstieg erfolgte und davon auch immer mehr jüngere Frauen betroffen sind. So nahm in Deutschland bei den bis 49-jährigen Frauen der Inzidenz von 1990 bis 2004 um 123 % zu und in den USA bei den 25 – 39-Jährigen von 1976 bis 2009 um fast 69 %.[25][26]

Da die Mammakarzinome bei jüngeren Frauen schwieriger zu detektieren sind und eine erhöhte Aggressivität und schnelleres Wachstum haben, sind sie eine besondere Herausforderung. Das erfordert eine Diagnostik, die einen Tumor nicht nur frühzeitig erkennt, sondern auch seine Aggressivität und Therapienotwendigkeit.

---

[24] Freddie Bray et al.: Lancet oncology 2012. Global cancer transitions according to the human development index (2008-2030): a population based study.

[25] Stähler E., Kübler U.: Frauenarzt 54(2013),Nr.3 254 -259: Anstieg der Mammakarzinom-Inzidenz seit 50 Jahren: eine neue Herausforderung.

[26] Rebecca H. Johnson et al.: JAMA 2013, 309(8): 800- 805: Incidence of Breast Cancer With Distant Involvement Among Women in the United States, 1976 to 2009.

Prämissen zur Diagnostik:

Die Detektion eines Karzinoms sollte möglichst frühzeitig erfolgen, da hiervon der Erfolg abhängig ist. Mögliche Effekte durch die Diagnosefindung selbst sind zu hinterfragen:

- Effekte der radiologischen Belastung durch ionisierende Strahlen (Aktivierung von HIF, C-MET),
- Effekte der Biopsie. (Ausstrom und Expulsion von Tumor-/Stammzellen, Aktivierung maligner Transformation, -HIF, C-MET)
- Ein medizinischer Test sollte für eine bestimmte Krankheit bei allen Kranken positiv sein und bei allen Gesunden negativ: Ausschluss falsch positiver (z. Zt. fast 25 t^{27}) und falsch negativer Fälle,
- Vermeidung von Überdiagnosen, d. h., der Entdeckung von Karzinomen, die im Verlauf des Lebens wegen geringer Aggression nicht auffällig geworden wären (z. Zt. -22 $t^{28\ 29\ 30}$).

Der entscheidende Moment einer Tumorkarriere ist der Anschluss an das Gefäßsystem. Mit diesem *Angiogenic Switch* geht ein Tumor in die Progredienz und eine Metastasierung wird möglich.

Das Mammografie-Screening-Programm erfasst nur die Altersgruppe vom 50. – 69. Lebensjahr, damit werden 50 % aller fakultativen Mammakarzinome von einer Diagnostik ausgeschlossen, denn 20 % treten vor dem 50. Lebensjahr und 30 % nach dem 70. Lebensjahr auf.

---

[27] Blanchard K., Colbert J.A., Kopans D.B. et al.: Radiology (2006) 240, 335 – 342. Long- term risk of false-positive screening results and subsequent biopsie as a function of mammography use.

[28] Biller-Andorno N, P.Jüni, *New England Journal of Medicine,* 2014: April 16, 2014DOI: 10.1056/NEJMp1401875 : Abolishing Mammography Screening Programs? A View from the Swiss Medical Board

[29] Kalager M., et al: *British Medical J.* (BMJ 2014; 348: g366): Too much mammography.

[30] Miller AB et al: BMJ-2014,348:g366.: Twenty five year follow-up for breast cancer incidence and mortality of the Canadian National Breast Screening Study: randomised screening trial

Es werden nur Tumoren erfasst, die sich aus tumorbiologischer Sicht schon lange etabliert haben. Eine Aussage über Aggressivität und Therapienotwendigkeit erfolgt nicht.

Ab wann kann ein Tumorgeschehen nachgewiesen werden?

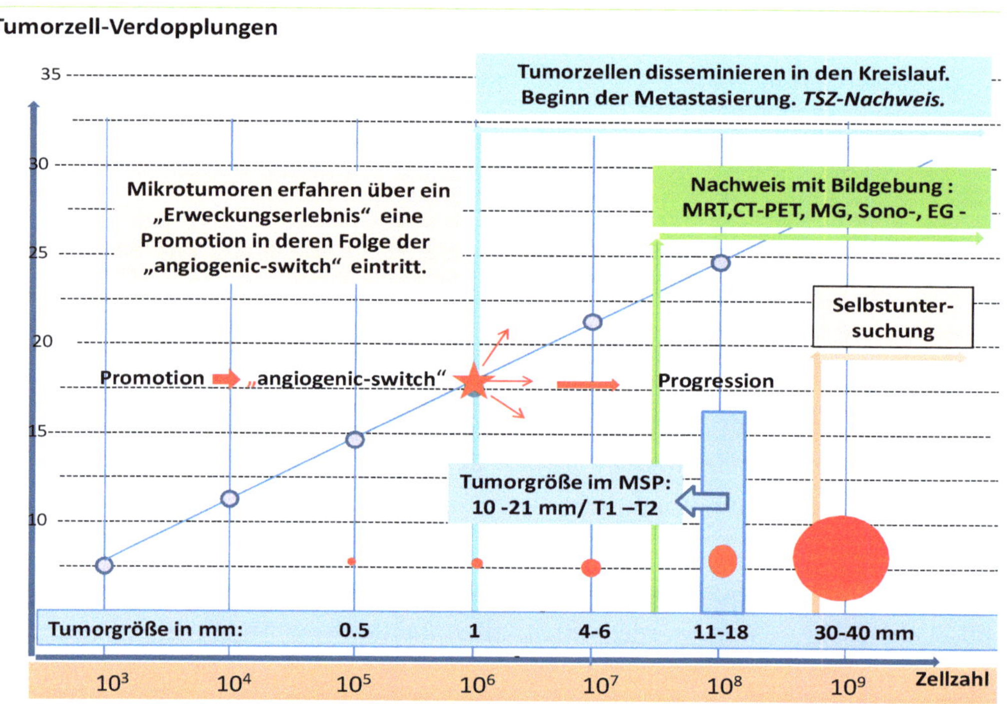

Abb. 1 Hier sind die Zusammenhänge zwischen den Zellverdopplungsraten, der jeweiligen Zellzahl und dem korrespondierenden Wachstum eines Tumors dargestellt, dazu der Zeitpunkt, wann ein Tumor mit welcher Methode nachweisbar ist. TSZ: Tumorstammzellen

Aus tumorbiologischer Sicht erfolgt die Detektion eines Tumors mit bildgebenden Verfahren spät. Er befindet sich dann immer schon in einem fortgeschrittenen Zustand seiner Karriere (Progression). Die durchschnittliche Größe der im MSP entdeckten Tumoren war 10 – 21 mm.

Zum Zeitpunkt der Detektion ist der promotionsbedingte *Angiogenic Switch*, der eine unabdingbare Voraussetzung für eine maligne Progredienz ist, schon lange vorbei.[31] [32]

Der Tumor hat zu diesem Zeitpunkt etwa 10^6 Zellen und eine Größe von $0.6 - 2$ mm^3.

Das ist der entscheidende Moment in einer Tumorkarriere, der unserer besonderen Aufmerksamkeit bedarf, weil das dynamische Gleichgewicht zwischen Zellproliferation und Apoptose verloren geht und der Tumor nun in ein nicht mehr aufzuhaltendes progressives Tumorwachstum übergeht.[33]

Das vorherige Equilibrium wird durch Defizite in der eigenen Immunüberwachung gestört, es kommt zum Verlust der Balance zwischen Angiostase/Angiogenese und dem Ausstieg aus dem Zellzyklus.[34] [35] Nun können Tumorzellen aus dem Primarius in den Blutkreislauf übertreten. Zuvor haben sie das Programm der EMT (Epitheliale-Mesenchymale-Transition) absolviert. Dann verlieren sie ihre Epithelialität und Polarität, lösen ihre Cadherin- und Integrinverbindungen mit dem Epithelverband, werden beweglich, mobil, mesenchymal und gehen durch die Basalmembran auf Wanderschaft. Dann haben sie einen stammzellähnlichen Charakter angenommen.[12,13,14]

Auf der Basis molekularer Sonden ist ein Tumorgeschehen früher erkennbar.

Mit molekularen Sonden können die im Blut zirkulierenden Tumorzellen isoliert, erkannt und lebend über typische Marker charakterisiert werden. Damit gelingt

---

[31] Folkmann J.: Nat. Med. (1995) 1, 27 – 31. Angiogenesis in cancer, vascular, rheumatoid and other disease.

[32] Folkmann J.: NEJM 1971,285(21)1182 -1186. Tumor angiogenesis: Therapeutic implications.

[33] Almog M.: Cancer Lett 294,2010; 139 -146. Molecular mechanisms underlying tumor dormancy.

[34] Galeo L., Criscitielleo C., et al.: Cancer medical science 2013(7) 320 33): Tumor dormancy and clinical implications in breast cancer.

[35] Bertheau P, Lehmann-Che J., et al.: Breast 2013,22.27 -9. p53 in breast cancer subtypes and new insights into response to chemotherapy.

der entscheidende Nachweis, ob sich im Organismus ein progressives Tumorgeschehen etabliert hat, um ein bis zwei Zehnerpotenzen früher, als es mit physikalischen Methoden möglich ist.[36] [37] [38] Diese Vorgehensweise wurde schon 2010 empfohlen: *Screening patients for dormancy and testing effectiveness of treatment could be achieved by measuring patients' circulating –tumorcells – (CTC) counts.*[39]

Der mammografische Nachweis von Tumoren gelang im MG-Screening mehrheitlich erst bei einer Größe von 10 – 21 mm.

Mit bildgebenden Verfahren sind Tumoren ab einer Zellzahl von $10^7 – 10^8$ erfassbar, das entspricht einer Größe von ca. 5 -10 mm. So zeigte eine Studie 2008, basierend auf fast 400.000 Frauen, dass nur 26 % der Tumoren ab 5 mm und 91 % aller Tumoren erst ab 10 mm erkannt werden! [40]

In der von Miller 2014 vorgestellten Studie an fast 45.000 Frauen betrug die durchschnittliche Tumorgröße zum Zeitpunkt der Entdeckung 21 mm und in 32,4 % waren bereits die Lymphknoten befallen.[41] Aus tumorbiologischer Sicht handelt es sich demnach um eine Spätdiagnostik, die erst viele Jahre nach Übergang in die Tumorprogression stattfindet und ebenso viele Jahre nach Eintritt von Tumor/-Stammzellen in den Blutkreislauf, von deren Anzahl und Invasionsfähigkeit es abhängt, ob eine Metastasierung auftritt oder nicht.

---

[36] Stähler E., Kübler U.: Der Privatarzt-Gynäkologie. 2013,2. 12 -15.Was bedingt die Entwicklung von Tumorstammzellen und wie können diese Zellen im Blut bestimmt werden?

[37] Kübler U., Stähler E.. Frauenarzt – 2014(55), Nr.3,. 272 -278. Wandlungsfähigkeit von Tumorzellen.

[38] Kübler U., Stähler E.: 2012: Der Privatarzt-Gynäkologie Ausg.2, April 2012, 1-5 : Mammakarzinome sind per Elastographie und zellulärer Biomarker auch ohne Biopsie /PE zu diagnostizieren.

Dazu siehe: Dr .U. Kübler: Diagnostische Apherese: Deutsches Bundespatent 4228389,Europäisches Patent 0584715, US-Patent 552 9903.

Dr.Kübler, Sieberstr.6, 81675 München

[39] Lisa Willis, Tomas Alarcon, et al. Cancer Research 2010,70(11),4310 -7

Breast Cancer Dormancy Can Be Maintained by Small Numbers of Micrometastases

[40] Weedon-Fekjaer H., et al.: Breast- Cancer -Research 2008, 10(3): Breast cancer tumor growth estimated through mammography screening data.

[41] Miller AB et al: BMJ-2014, 348:g366.: Twenty five year follow-up for breast cancer incidence and mortality of the Canadian National Breast Screening Study: randomised screening trial

Zur Verhinderung frühzeitiger Metastasierungen müsste ein Tumor ab 2,7 mm eliminiert werden.

Da ein permanenter Efflux von Tumorzellen aus dem Primarius in den Kreislauf stattfindet und deren Zahl natürlich von der Tumormasse und der Wachstumszeit abhängt, sollte ein Tumor bei Detektion möglichst klein sein. Zu dem morphologischen, bildgebenden Nachweis sollte gleichzeitig ein qualitativer und quantitativer Nachweis von zirkulierenden Tumorzellen mit der Entwicklung eines Stammzellphänotypus (OCT-3/4, ZEB1, CD44) und einer absolvierten epithelialen-mesenchymalen Transition (C-MET) erfolgen. (Nachweis: Cellpredikt [42], diagnostische Apherese zur Quantifizierung der Tumorstammzellen.) Diese Zellen sind die *Saat des Bösen*.

Welchen Einfluss die Tumorgröße auf eine Metastasierung hat, zeigt eine aktuelle Arbeit. Zur Reduzierung des derzeitigen Risikos müsste der Primarius ab einer Größe von 2.7 mm erkannt und exstirpiert werden[43], das aber kann die MG nicht leisten.

Diese aus pathophysiologischer Sicht zu späte Entdeckung ist bedauerlich und zum Nachteil Betroffener, zumal die Vorverlegung des diagnostischen Zeitpunktes um fast zwei Zehnerpotenzen (hinsichtlich der Tumorzellzahl) mit molekulargenetischen Nachweismethoden längst möglich und etabliert ist.

Die Selbstuntersuchung der Brust ist zu einer nachhaltigen Detektion nicht geeignet.

Wie in **Abb. 1** zu sehen, ist die immer noch propagierte Methode der Selbstuntersuchung der Brust eine sehr späte Diagnostik und erst ab einer Tumorgröße von 2 cm nachhaltig.

Die Ergebnisse der Mammografieauswertung ergaben, dass nicht nur bereits 25 % der Tumoren bei Entdeckung gestreut hatten, was durch den frühen Tu-

---

[42] Cellpredikt-Test : Es werden zirkulierende Tumorstammzellen mittels RT-PCR-nachgewiesen. Dazu werden die Zellen aus 2 Röhrchen EDTA-Vollblut isoliert und auf die Expression von OCT-3/4, ZEB1,c-MET untersucht. (Dr.Kübler/München)
[43] Coumans FA et al.: BMC-Cancer-2013,13(1)283. Detection of cancer before distant metastasis.

morzellefflux ab *Angiogenem Switch* zu erwarten ist, sondern dass auch 23 % der Tumoren schon größer als 2 cm waren und von den Frauen bis zum Zeitpunkt des MGS nicht ertastet wurden! (Bericht-DKFZ-2009.)

Die Rate der Intervallkarzinome betrug 23,2 je 10.000 negativ gescreente Frauen, insgesamt handelte es sich bei 40 % aller Tumoren mit einer Größe T2 – T4 um Intervallkarzinome[44]. Gerade diese Tumoren zeichnen sich durch ein logarithmisches Wachstum und Aggressivität aus, sie sind gut vaskularisiert und tragen in sich das höchste Risiko für Expansion und Metastasierung.

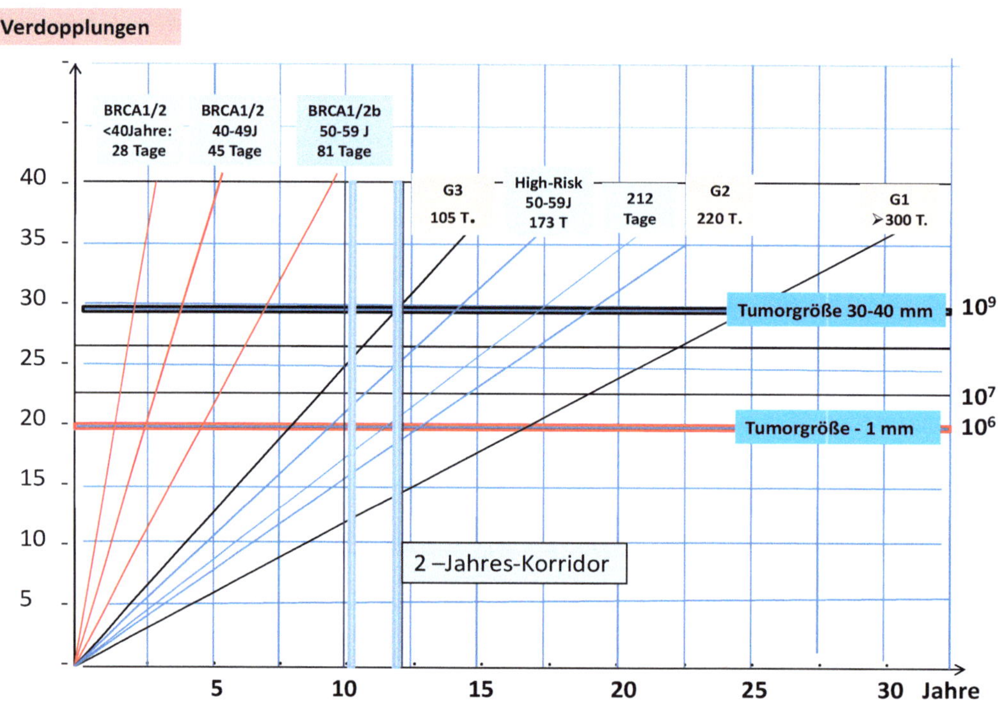

Abb. 2:

Dargestellt sind Tumorzellverdopplungsraten unterschiedlicher Karzinome und unterschiedlicher Altersgruppen im zeitlichen Ablauf. Es zeigt, wie unterschiedlich schnell Tumoren sich entwickeln können.

---

[44] Heidinger O.,Batzleer WU., Weigel S. et al.: DÄB Int 2012,109(46):718 -7: Häufigkeit von Intervallkarzinomen im deutschen Mammographie-Screening-Programm

Wie zu sehen, schwanken die Werte erheblich, worin sich die ausgeprägte Tumorheterogenität widerspiegelt. Tumoren sind histologisch und in ihrer Gensignatur sehr unterschiedlich, und sogar an ein und demselben Tumor konnte man in verschiedenen Regionen Gensignaturen mit guter und schlechter Prognose nachweisen.[45] [46]

Damit wird klar, warum es sehr langsam oder gar nicht wachsende Tumoren gibt, die spät metastasieren, und schnell wachsende Tumore, die sehr rasch in eine Metastasierung übergehen und sich dann als sogenannte *Intervallkarzinome* beim MSP als großes Problem darstellen.[47]

Abb.2 zeigt, woraus sich diese Karzinome rekrutieren, die in dem zweijährigen Intervall zwischen der letzten unauffälligen Mammografie und der nächsten Kontrolle auftreten. Es sind die BRCA1/2-Trägerinnen, familiär belastete Frauen, G3- und High-risk-Tumoren.

Diese Intervallkarzinome sind aufgrund ihrer Dynamic prognostisch deutlich ungünstiger, als die per Screening entdeckten Karzinome, da sie sich in Bezug auf Proliferation, Hormonstatus, Grading, KI67 und ERBB2 deutlich unterscheiden und daher aggressiver sind.[48] [49]

Vor allem das Alter der betroffenen Frauen korrelicrt mit der Tumorverdopplungszeit.

Eine entscheidende Aussage, auch im Hinblick auf die Inzidenzzunahme des Mammakarzinoms bei den jungen Frauen ist die, dass vor allem das Alter mit

---

[45] Gupta PB,Chaffer CL., Weinberg RA: Nat. Med.2009(15)1010 -1012.: Cancer stem cells mirage or reality?-

[46] Gerlinger Marco et al.: NEJM:2012,366 Nr.10. 883 -892: Intratumor heterogeneity and branched evolution revealed by multiregion sequencing.

[47] Skrabanek P.: Lancet (1985) 2,316 -319. False premises and false promises of breast cancer screening.

[48] Kirsh VA.,Chiarelli AM., et al.: The J. Ntl. Cancer Inst. 2011, 3: Tumor characteristics associated with mammographic detection of breast cancer in the Ontario breast screening program.

[49] Musolino A., Michiara M., et al.: J. Clincal Oncology 2012,,Vol.30 Nr.19: 2362 -2368. Human epidermal growth factor receptor 2 status and interval breast cancer in a population- based cancer registry study.

der Tumorverdopplungszeit korreliert![50] [51] Nimmt man in Abb. 2 einen Zwei-Jahres-Korridor, so ist sofort erkennbar, dass bei einer 50 – 59-Jährigen BRCA1-Trägerin während des 2-jährigen MSP-Intervalls der Tumor von etwa 1 mm auf über 4 cm wächst. Ein G3-Tumor wächst in zwei Jahren von 1 mm auf ca. 18 mm. Sie würden im Screening als Intervallkarzinome durch die Maschen fallen! Das bedeutet, dass für derartige Risikogruppen halbjährliche Kontrollen nötig wären, was aber wegen der Strahlenbelastung nicht anzuraten ist.

Die Daten vom norwegischen Krebsregister belegen ebenfalls eine Altersabhängigkeit: Die Tumorverdopplungszeit bei 50 – 60-Jährigen betrug 15 Monate und bei 60 – 69-Jährigen 25 Monate. (Weedon-Fekjar 2008.)

Eine wichtige Erkenntnis ist daher: Die mittlere Tumorverdopplungszeit halbiert sich etwa alle 10 Jahre.

Diese Daten belegen, dass vor allem die jungen Frauen gefährdet sind, und dass weder deren Problem noch das der Intervallkarzinome mit einem MSP zu lösen sind. Das deckt sich exakt mit einer MSP-Studie von 2005, wo man bei 40-jährigen Frauen nur eine Mortalitätssenkung von einem Fall auf 6000 erreichen konnte.[52] Ganz ähnliche Ergebnisse ergaben sich in der Altersgruppe der 40 – 49-jährigen Frauen.[53]

Eine hohe Gewebedichte bedeutet: das Karzinomrisiko ist erhöht und die Diagnostik stark eingeschränkt.

Es bleibt festzuhalten, dass infolge des zweijährigen Kontrollintervalls die schnell wachsenden und aggressiven Tumoren nicht ausreichend erfasst werden.

---

[50] Tilanus-Linthorst MM et al.: Eur. J. Cancer, 2005. (41)11. 1610 – 1617. Hereditary breast cancer growth rates and its impact on screening policy.

[51] Tilanus-Linthorst MM et al.: Clin. Cancer Research 2007,13 (24), 7357 -62. BRCA1 mutation and young age predict fast breast cancer growth in the Dutch, United Kingdom, and Canadian magnetic resonance imaging screening trials.

[52] Moss S et al.: Br.J.Cancer (2005)92,955 -960. Randomised controlled trial of mammographic screening for women from age 40: Predicted mortality based on surrogate outcome measure.

[53] Johnson H., Törnberg S., et al.: Acta Oncologica, 2000,39(5),617 -623.Service with mammography in Sweden-evaluation of effects of screening on breast cancer mortality in age group 40 -49.

Auch ungünstige Lokalisationen, sowie eine hohe Gewebedichte mindern die Erfolgsaussichten. Auch durch intensivere Bildgebung können nicht alle Mammakarzinome entdeckt werden.[54]

Eine erhöhte Gewebedichte der Brust, die sich in den sogenannten ACR-Graden III – IV widerspiegelt, stellt ein bisher nicht gelöstes Problem im MSP dar. Aufgrund dieses Phänomens ist in 25 % der Fälle keine exakte Diagnostik per Mammografie möglich.

Leider werden in den Feststellungsmitteilungen der MGS-Einheiten diese *Befunde* bisher nicht offiziell mitgeteilt. Das ist bedauerlich, wegen der eigentlich dann notwendigen, aber oft nicht durchgeführten, sonografisch-elastografischen Kontrolle, obwohl bekannt ist, dass eine erhöhte Dichte ein sehr valider allgemeiner Marker für ein erhöhtes Brustkrebsrisiko darstellt, der einer besonderen Beachtung und evtl. sogar präventiver Maßnahmen bedarf.[55 56 57 58 59 60 61]

Mit Zunahme der Dichte steigt das Risiko stark an, einen Intervalltumor zu entwickeln.[62] Besteht eine prozentuale mammografische Dichte von > 50 %, so

---

[54] Heywang-Köbrunner SH, Viehweg P.,Schnutzler R.,Fischer U.: e 3-leitlinie. Brustkrebsfrüherkennung in Deutschland. 1. Aktuallisierung 2008. W. Zuckschwerdt Verlag, München. ISBN 978-3-8603-931-9

[55] McCormack V., Santos Silva I.: Cancer Epidemiology Biomarkers& prevention 2006,15: 1159 -1169. Breast density and parenchymal patterns as markers of breast cancer risk: A meta analysis.

[56] Vachon CM, Brandt KR, et al.: Cancer Epidemiology Biomarkers & Prevention (2007) 16, 43 – 49. Mammaographic breast density as a general marker of bBreast cancer risk.

[57] Vachon CM, Sellers TA et al.: Cancer Research (2007) 67, 8412 – 8418. Strong evidence of a genetic determinant for mammographic density, a major risk factor for breast cancer.

[58] Boyd NF, Martin LJ et al.: Cancer Epidemiology Biomarkers & Prevention (2006) 15, 2086 – 2092. Body size, mammographic density, and breast cancer risk.

[59] McCormack V.A., Isabel Santos de Silva.: Cancer Epidemiology Biomarkers & Prevention (2006) 15, 1159 – 1169. Breast density and parenchymal patterns as markers of breast cancer risk: A meta-analysis.

[60] Cuzick J., Warwick J., et al.: Journal Natl.Cancer Inst. (2004) 96 (8), 621 – 628. Tamoxifen and breast density in women at increased risk of breast cancer.

[61] Maria EC Sandberg et al.: Breast Cancer Research 2013, 15:R57. Change of mammographic density predicts the risk of contralateral breast cancer – a case-control study.

[62] Marina Pollan et al. : Breast Cancer Research 2013,15:R9 Mammographic density and risk of breast cancer according to tumor characteristics and mode of detection: a Spanish population-based case-control study

treten dabei in über 66 % Intervallkarzinome in den nächsten 24 Monaten auf, bei Frauen unter 56 Jahren sind es sogar 78 %![63]

Die Dichte ist der morphologische Ausdruck eines anderen hormonellen Milieus mit höherer Zellteilungsaktivität, möglicherweise mit genetischen Polymorphismen im Hintergrund (z. B. ER-a, IGFBP3).

Die neuen Erkenntnisse sollten Anlass sein, die Brustdrüsendichte als das zu sehen, was sie ist: ein wesentlicher Risikofaktor zur Entwicklung eines Mammakarzinoms und ein Hindernis, genau dieses Karzinom per Mammografie-Screening zu entdecken. Daher muss die Dichte als Befundmitteilung Gegenstand der Beratung und weiterer Diagnostik werden.

Die Diagnostik durch Mammografie und Biopsie hat potenzielle Risiken.

Die Röntgendiagnostik beinhaltet aufgrund der ionisierenden Strahlung ein in seiner Höhe noch nicht abschließend geklärtes Risiko.[64]

Neue Untersuchungen belegen, dass ionisierende Bestrahlung in therapeutischen Dosen zur Selektion strahlenresistenter Tumorstammzellen führt, aus denen sich im weiteren Verlauf ein Rezidiv oder Metastasen entwickeln können. Die Induktion läuft über das Onkogen C-MET, den Motor der EMT.[65 66 67 68 69 70]

---

[63] Boyd NF., Martin LJ., Yaffe MJ., Minkin S. : Breast Cancer Research 2011,13:223. 1-8: Mammographic density and breast cancer risk: current understanding and future prospects.

[64] Nekolla EE et al.: Radiologe 2005,(45)243 -254. Einführung eines MGS Programmes in Deutschland. Erwägungen zum Nutzen und Risiko.

[65] De Baco F.,et al.: J Natl. Cancer Inst. 2011,103.645-661. Induction of MET by ionizing radiation and its role in radioresistance and invasive growth of cancer.

[66] Guryanova OA, Bao S.: J. Natl. Cancer Inst. 2011.,617 – 619: How scatter factor receptor c-MET contributes to tumor radioresisteance: ready, set, scatter

[67] Bhardwaj V., Cascone T., et al.: Cancer 2013, 15;119(10):1768-75. Modulation of c-Met signaling and cellular sensitivity to radiation: potential implications for therapy.

[68] De Bacco F., Luraghi P., Medica E, et al.: *National Cancer Institute,* 2011; DOI:10.1093/inci/djr093: Induction of MET by Ionizing Radiation and Its Role in Radioresistance and Invasive Growth of Cancer.

Schon 2006 kam eine Studie zu dem Ergebnis, dass bei BRCA1/2-Trägerinnen eine Mammografie vor dem 30. Lebensjahr das Brustkrebsrisiko erhöht[71], und eine aktuelle Studie zeigt, dass die Brustkrebswahrscheinlichkeit ansteigt, wenn im Jugendalter eine Radiatio bei Hodgkinlymphom erfolgte.[72]

Die neuen Erkenntnisse sollten Anlass sein, Röntgenuntersuchungen auf das notwendige Maß zu beschränken.

Biopsien

Stanzbiopsien sind im Rahmen des MSP ein integraler Bestandteil, sie werden zur Diagnosefindung fast zu 100 % angewandt. Der Eingriff wird bei Ärzten und Patienten eher als völlig unbedenklich angesehen. Unter dem Dictum *nil nocere* sollte aber diese invasive Maßnahme auch auf den Prüfstand, denn neue wissenschaftliche Erkenntnisse belegen, dass Biopsien durchaus negative Folgen haben können.[73]

Bei einer Stanzung wird die Extrazellulärmatrix zerstört, es werden (je nach Anzahl), bis zu mehreren 100 Metern Kapillarstrecken aufgerissen, es kommt zur Expulsion von Exosomen mit der Möglichkeit einer prämetastatischen Nischenbildung. Es kommt immer zur Ausbildung eines Hämatoms mit plasmatischer

---

[69] Carla Boccaccio, M.D. and Paolo M. Comoglio, M.D : Journal of the National Cancer Institute. "Tumors resistant to radiation therapy may be controlled by the MET oncogene." Science Daily, 5 April 2011. www.sciencedaily.com/releases/2011/04/110404161704.htm.

[70] LI-W Qian, et al.: International Journal of Cancer. 2003. Vol.104,(5),542 -549.Radiation stimulates HGF receptor/c-Met expression that leads to amplifying cellular response to HGF stimulation via upregulated receptor tyrosine phosphorylation and MAP kinase activity in pancreatic cancer cells

[71] Andrieu N., Easton DF et al.: JCO July 20, 2006 vol. 24 no. 21 3361-3366: Effect of Chest X-Rays on the Risk of Breast Cancer Among *BRCA1/2* Mutation Carriers in the International *BRCA1/2* Carrier Cohort Study: A Report from the EMBRACE, GENEPSO, GEO-HEBON, and IBCCS Collaborators' Group

[72] Schellong, Günther et al.: Dtsch Arztebl Int 2014; 111(1-2): 3-9; DOI: 10.3238/arztebl. 2014.0003. Brustkrebs bei jungen Frauen nach Therapie eines Hodgkin-Lymphoms im Kindes- und Jugendalter: Eine Beobachtungsstudie mit bis zu 33 Jahren Follow-up.

[73] Stähler E.,Kübler U.: Der Privatarzt-Gynäkologie. 2014,(2): 16 –19 : Wie sicher sind Stanzbiopsien ?

Gerinnung und von Gewebearealen mit Hypoxie. Die Folge sind die Freisetzung von Zytokinen wie FGF, TGF, PDGF, VEGF, HGF, die Proliferation und Angiogenese aktivieren, sowie Induktion des HIF (*Hypoxie-Inducible-Factor*), dessen Zielgen C-MET ist. Das ist der Motor der epithelialen-mesenchymalen Transition, dem Transkriptionsfaktor, der im Rahmen der Malignisierung die Entwicklung in Richtung Stammzellphänotypus steuert.

Ein besonderes Problem ist der intratumorale Druck

Es ist auch darauf hinzuweisen, dass der *intratumorale Druck* innerhalb eines Karzinoms erheblich ansteigt, von normal 3 – 22 mmHG bis auf Werte von 40 – 100 mmHG. Dieser Druck steigt mit dem Volumen des Tumors an, und parallel dazu verschlechtert sich die Prognose. Bei einem Tumor mit erhöhtem Innendruck und Kapselspannung, führt die biopsiebedingte Perforation sofort zu einem Ausstrom aller zellulären Bestandteile, entsprechend dem Druckgradienten, in das umgebende Gewebe. [74 75 76 77 78 79 80 81 82 83 84 85]

[74] Heldin CH, Rubin K.,Ostmann A.: Nat.Rev.Cancer 2004(4)10: 806-13: High interstitial fluid pressure-an obstacle in cancer therapy.

[75] Milosevic A., et al.: Semin Radiat .Oncol 2004,14(3):249 -58: The human tumor microenvironment: invasive needle measurement of oxygen and interstitial fluid pressure.

[76] Lunt SJ, Chaudary N., Hill R.:; Clin. Exp.Metatastasis2009, 26(1):19-34 The tumor microenvironment and metastatic disease.

[77] Rofstad EK., Ruud EBM, Mathisen B,Gallapathi K.: Clin. Cancer Research, 2010(16(3) 936 - 43. Associations between radiocurability and interstitial fluid pressure in human tumor xenografts without hypoxic tissue.

[78] Curti BD, et al.: Cancer Res. 1993,53(10) 2204 -7: Interstitial pressure of subcutaneous nodules in melanoma and lymphoma patients: changes during treatment.

[79] Lee CG., Heijn M, di Tomaso E., et al.: Cancer Res. 2000,60(19). 5565 -70.Anti vascular endothelial growth factor treatment augments tumor radiation response under normoxic or hypoxic conditions.

[80] Boucher Y, et al.:Cancer Res. 1991,51(24),6691-4: Interstitial hypertension in superficial metastatic melanomas in humans.

[81] Gutmann R,Leunig M., et al.: Cancer Res. 1992,52(7). 1993 -95: Interstitial hypertension in head and neck tumors in patients: correlation with tumor size.

[82] Nathanson SD,Nelson L.:Ann.Surg.Oncol. 1994,1(4) 333-8: Interstitial fluid pressure in breast cancer, benign breast conditions and breast parenchyma.

Das bedeutet, schnell wachsende desmoplastische Tumoren wie z. B. die 23,2 % Intervallkarzinome mit über 2 cm Größe, haben einen erhöhten Innendruck. Aufgrund der beschriebenen Phänomene sollten diese etablierten Tumoren nicht biopsiert werden.

Eine Diagnostik kann auch per *Elastografie* und einer *Liquid Biopsy* als histologisches Korrelat erfolgen[86]: *The "liquid biopsy" has the potential to become the one of the most promising tests in oncology.* [87]

Alle Tumorzellen kommen ursprünglich aus einem Zellklon und es erfolgt auch ein permanenter Austritt von Zellen aus dem Primärtumor, insofern spiegeln die zirkulierenden Tumorzellen im Blut die individuelle Entität des Primärtumors wieder. Aufgrund dieser Besonderheit bekommen die im Blut zirkulierenden Tumorstammzellen im Rahmen der Diagnostik den Stellenwert einer *Real-time-liquid-Bbiopsy*, wobei Nachweis und Charakterisierung dieser Zellen dann einem *histologischen Korrelat* entsprechen.[88 89 90 91 92 93 94 95 96 97 98 99]

---

[83] Milosevic M,Fyles A., et al.: Cancer Res. 2001,61(70) 6400-5:Interstitial fluid pressure predicts survival in patients with cervix cancer independent of clinical prognostic factors and tumor oxygen measurements.

[84] Aukland K. Interstitial fluid balance in experimental animals and man. In: Staub NC, Hogg JC, Hargens AR, editors. Advances in Microcirculation, Vol 13 Interstitial-Lymphatic Liquid and Solute Movement; Satellite Symposium; Victoria, British Columbia, Canada. July 20–24 1986; Basel, Switzerland; New York, New York, USA Illus: S Karger Ag; 1987. pp. X + 290pp. 110–123.

[85] Hofmann M, McCormack E, Mujic M, Rossberg M, Bernd A, Bereiter-Hahn J, et al. Increased plasma colloid osmotic pressure facilitates the uptake of therapeutic macromolecules in a xenograft tumor model. Neoplasia. 2009;11(8):812–22

[86] Kübler U., Stähler E., Der Privatarzt-Gynäkologie. Ausg.2, April 2012; 6 -11 Mammakarzinome sind per Elastographie und zellulärer Biomarker auch ohne Biopsie/PE zu Diagnostizieren.

[87] Raimondi C, Gradilone A.: Breast Cancer Res.Treat. 2011,130: 449-555. Epithelial-mesenchymal transition and stemness features in circulating tumor cells from breast cancer patients.

[88] Lurje G. et al.: J. Oncol.2010: 2010:392652 .: Circulating tumor cells in gastrointestinal malignancies : current techniques and clinical applications.

[89] Giordan A., Cristofanilli M., 2012: Recent Results Cancer Res. 2012,195:193 -201.CTCs in metastatic breast cancer.

[90] Hartkopf AD, Banys M, Fehm T .2012 Recent Results Cancer Treatm. 2012:195:203 -215. Her2-positive DTCs/CTCs in breast cancer.

Effekt der Biopsie: Es kann zur Aussaat von Tumor-/Stammzellen, zur Bildung von Tumorstammzellnischen und der Aktivierung maligner Prozesse kommen.

Wir sollten im Hinblick auf mögliche negative Effekte *sine ira et studio* immer wieder unsere Maßnahmen im Kontext der neusten wissenschaftlichen Erkenntnisse überprüfen. Selbst wenn es nur wenige Fälle auf 1000 Betroffene wären, würde das gesamte Mammografie-Screening-Programm konterkariert, denn dort geht die wissenschaftlich und öffentlich geführte Diskussion um die Rechtfertigung einer Mortalitätssenkung von nur etwa einem Fall auf 1000 – 2000.
Aus tumorbiologischer Sicht ist diese Diskussion nicht nachhaltig, denn sie wird nicht die Probleme beseitigen können, die immanent mit der Methode verbunden sind (relativ späte Detektion eines Tumors im Stadium der Progression, Reduzierung einer frühzeitigen Metastasierung aufgrund des Tumorzelleffluxes ab *Angiogenic Switch* – bisher bei 25 % –, Folgen durch die Strahlenbelastung und die Biopsie, Reduzierung der Detektionswahrscheinlichkeit aufgrund erhöhter Gewebedichte bei ACR III-IV).

---

[91] Pestrin M et al: Breast Cancer Res.Treat.2009,118(3):523 -530. Correlation of HER2 status between primary tumors and corresponding circulating tumor cells in advanced breast cancer patients

[92] Kübler U., Stähler E.: Der Privatarzt-Gynäkologie: 2011(2), 6 -11: Tumorfrüherkennung per US-Elastographie und Tumorverifizierung per Zellen statt Skalpellen.

[93] Kübler U., Stähler: 2012-Der Privatarzt-Gynäkologie 2012(2), 6 -11: Mammakarzinome sind per Elastographie und zellulärer Biomarker auch ohne Biopsie zu diagnostizieren.

[94] Stähler E., Kübler U. 2012. Der Privatarzt-Gynäkologie 2012(5), 26 -32. Für das Überleben ist die Abwesenheit von Tumorzellen mit Tumor-Stammzell-Eigenschaften entscheidend.

[95] Gorges TM., Riethdorf S., Pantel K.: J. Onkologie(7/2012) 390 -395. Zirkulierende Tumorzellen in Krebspatienten.

[96] Heitzer E. et al.: Genome Medicine 2013, doi:10.1186/gm434: Liquid Biopsy. Diagnose und Verlaufskontrolle des Prostatakarzinoms aus dem Blut.

[97] Pantel K, Alix-Panabieres C.: Cancer Res. 2013,73.6384"Real-time Liquid Biopsy in Cancer Patients. Fact or Fiction?

[98] Pachmann K., Camara O.: J. Cancer Res.Clin.Oncol. 2011, DOI 10.1007.: Efficacy control of therapy using circulating epithelial tumor cells(CETC) as " liquid biopsy"; Trastuzumab in HER2/neu positive breast carcinomas

[99] Dockhorn-Dworniczak B: Trilliumdiagnostik 2013 (11)3:140 -142: Liquid-Biopsy- Eine interdisziplinäre Aufgabe.

Anzustreben ist eine risikoadaptierte Frühdiagnostik

Die neuen Erkenntnisse sollten dazu führen, vom Prinzip der politisch gewollten *pauschalen Vorsorgediagnostik*, die sich nur an einem willkürlich festgelegten Alterskorridor orientiert, zu einer *risikoadaptierten Frühdiagnostik* für alle gefährdeten Frauen zu kommen.

Es ist bekannt, dass 70 – 90 % der Karzinogenese im Zusammenhang mit *äußeren* Faktoren wie Umwelt und Lebensstil stehen und nur etwa 10 – 30 % durch *innere* Faktoren hervorgerufen werden, wobei die rein genetischen Defekte nur 5 – 10 % ausmachen.[100][101] Insofern lässt sich bereits aus den anamnestischen Daten schnell ein erhöhtes Risiko ermitteln, welches über einen Algorhythmus in Prozent-Wahrscheinlichkeit angegeben wird (GAIL-Claus-Modell). Liegt dieses Risiko deutlich über dem allgemeinen Risiko (1,67 % Wahrscheinlichkeit für die nächsten 5 Jahre), dann sollte eine entsprechende Überwachung erfolgen. Die Auswahl, wer einer Früherkennung unterzogen werden sollte, orientiert sich dann nicht an dem Einwohnermeldeamtsregister, sondern liegt im Bereich fachkundiger Kolleginnen und Kollegen.

Die Konsequenz aus den neuesten wissenschaftlichen Erkenntnissen ist: Der Nachweis von *Krebsgewebe* darf nicht allein im Vordergrund stehen, sondern auch die Aggressivität und Therapiebedürftigkeit eines Tumors.

Je feiner die diagnostischen Methoden werden, umso häufiger werden Frühkarzinome entdeckt, die möglicherweise harmlos sind, da sie vom Immunsystem in Schach gehalten werden und/oder sich im Zustand der *dormancy* befinden. Genau dieses Problem spiegelt sich wieder in der hohen Rate der Überdiagnosen von Tumoren (22 %), die im weiteren Lebensverlauf klinisch nicht in Erscheinung getreten wären.

Mikrotumore kommen offensichtlich relativ häufig vor. Auch die Daten des MSP belegen, dass in 20,2 % aller Fälle DCIS entdeckt werden die, wenn

---

[100] Trichopoulos D., Li FP et al.: Scientific American (1996), 275: 80 – 87. What causes cancer?
[101] Anand P., Kunnumakara AB et al.: Pharmaceutical research (2008) Vol.:25 (9), 2097 –2116. Cancer is a preventable disease that requires major lifestyle changes.

überhaupt, erst in 5 – 15 Jahren in ein richtiges Karzinom übergehen.[102] Dabei ist zu bedenken, dass chirurgische Manipulationen (Operationen, Biopsien) pathophysiologische Veränderungen hervorrufen, die der Etablierung eines Tumorgeschehens Vorteile verschaffen und den *Angiogenic Switch* dadurch auszulösen vermögen.[103] [104] [105] [106] Auf diese Weise können Tumoren vom schlafenden in den aktiven Zustand befördert[107] und latente Metastasen aufgeweckt werden.[108] [109] [110] Auch zu einer Metastasenbildung kann eine Operation beitragen.[111]

Des Weiteren konnte schon in Autopsiestudien nachgewiesen werden, dass sogenannte *schlafende Mikrotumore* viel häufiger auftreten, als man angenommen hatte. Es wurden bei 40 – 50-jährigen Frauen in über 33 % Mikrotumore in der Brust nachgewiesen, die klinisch nicht in Erscheinung traten.[112] [113] Neueste

[102] Virginia L. Ernster V.L., Ballard-barbash R., W.E. Barlow, Yingye Zheng, D. L. Weaver, G. Cutter, B. C. Yankaskas, R. Rosenberg, P. A. Carney, K. Kerlikowske, S.H. Taplin, N.Urban, B. Geller.: Detection of Ductal Carcinoma *In Situ* in Women Undergoing Screening Mammography: J .Ntl. Cancer Inst.2002,94,1546 – 54.

[103] Holmgren L. et al.: Nat. Med. (1995) 1, 149 – 153. Dormancy of micrometastases: Balanced proliferation and apoptosis in the presence of angiogenesis suppression.

[104] Baum M.: Eur. J. Cancer (1999) 35 (6), 886-891. Does breast cancer exist in a state of chaos?

[105] Retsky M., Demicheli R., Hrushesky W.: Breast Cancer Res. Treat. (2001) 65, 217 – 24. Premenopausal status accelerates relapse in node positive breast cancer: Hypothesis links angiogenesis, screening controversy.

[106] Galeo L., Criscitielleo C., et al.: Cancer medical science 2013(7) 320 33): Tumor dormancy and clinical implications in breast cancer.

[107] David Paez, Melissa J. Labonte, Pierre Bohanes, et al.: Clin Cancer Res 2012;18:645-653.Cancer Dormancy: A Model of Early Dissemination and Late Cancer Recurrence.

[108] Hanin Leonid, Zaider Marco: : Cancers (Basel). 2011 September; 3(3): 3632–3660. Effects of Surgery and Chemotherapy on Metastatic Progression of Prostate Cancer: Evidence from the Natural History of the Disease Reconstructed through Mathematical Modeling

[109] Retsky M., Demicheli R., Hrushesky W., Baum M., Gukas I. Surgery triggers outgrowth of latent distant disease in breast cancer: An inconvenient truth? Cancers. 2010; 2:305–337

[110] Demicheli R., Retsky M., Hrushesky W.J.M, Baum M., Gukas I.D. The effects of surgery on tumor growth: a century of investigations. Ann. Oncol. 2008;19:1821–1828

[111] Pachmann K. : Cancers (Basel). 2011 June; 3(2): 2540–2553. Tumor Cell Seeding During Surgery—Possible Contribution to Metastasis Formations

[112] Folkmann J., Kalluri R.: Nature (2004) 427, 787. Cancer without disease.

[113] Nielson M., et al.: Br. J. Cancer (1987) 56, 814 – 819. Breast cancer and atypia among young and middle aged women: A study of 110 medicolegal autopsies.

Untersuchungen belegen, dass bei den meisten Frauen 1 – 6 gefährliche Mikrotumore in *dormancy* vorliegen.[114] [115]

Es ist unbestritten, dass das Risiko der Metastasierung und damit die Wahrscheinlichkeit zu sterben von der Anzahl invasionsfähiger Tumorstammzellen im Blut abhängt. Dazu belegen neue Untersuchungen, dass Tumor-/Stammzellen im Blut schnell ihre charakteristischen Eigenschaften ändern und damit diskordant zum Primärtumor werden.[116] Auch in der Detect-III- und -IV –Studie werden bei Her2-negativen Primärtumoren die im Blut zirkulierenden Tumorzellen im Sinne einer *Liquid Biopsy* phänonotypisiert. Es wurde auch schon belegt, dass sich chromosomale Abnormalitäten in disseminierten Tumorzellen wesentlich von denen im Primarius unterscheiden.[117]

Daher sollte als logische Konsequenz zur Feststellung der Aggressivität und Therapienotwendigkeit eines Tumors – parallel zum bildgebenden Nachweis – der qualitative Nachweis von Tumorstammzellen im Blut und deren nachfolgende Quantifizierung erfolgen.

Die bisherigen Daten zur Entwicklung eines Mammakarzinoms belegen, dass der Beginn einer malignen Entwicklung bis in die Jugendzeit zurückreicht. (Die Phase bis zur Initiierung der ersten Tumorzelle dauert auch 10 – 15 Jahre.) In diesem Lebensabschnitt findet die Brustdrüsendifferenzierung statt, und diese ist erst nach der ersten Schwangerschaft und/oder dem 24. Lebensjahr abgeschlossen – bei Störungen des Differenzierungsvorganges erst viel später.

In dieser Phase der noch nicht abgeschlossenen Differenzierung bei den jungen Frauen sind die Zellen sehr vulnerabel hinsichtlich kanzerogener Einflüsse. Hier bewirken schon lange bekannte Einflussfaktoren seit Jahrzehnten zunehmend

---

[114] Lisa Willis, Tomas Alarcon, et al.Cancer Research 2010,70(11),4310 -7.Breast Cancer Dormancy Can Be Maintained by Small

[115] Almog N. Cancer Lett.2010 Aug 28;294(2):139-46. Molecular mechanisms underlying tumor dormancy.

[116] Kübler U., Stähler E: Frauenarzt 55(2014),3: 271 -278: Wandlungsfähigkeit von Tumorzellen.

[117] Klein CA:; Blankenstein TJ et al.: Lancet 2002,360. 683-9: Genetic heterogeneity of single disseminated tumor cells in minimal residual cancer.

epigenomische Profilschäden, die den Grundstein für ein späteres Karzinom legen.[118] Daher bedarf diese Lebensphase der jungen Frauen einer besonderen Beachtung.

Prostatakarzinom: Ist die Diagnostik per Biopsie und Gleason-Score sicher und zeitgemäß?

Gleason-Score

Der Gleason-Score dient der feingeweblichen (histologischen) Beurteilung des Prostatakarzinoms. Dabei wird der sogenannte *Entdifferenzierungsgrad* bewertet, der sich aus dem Grad der Abweichung der Differenzierung des erkrankten Gewebes im Verhältnis zum Differenzierungsgrad des normalen, gesunden Prostatagewebes ergibt. Es wird die häufigste und zweithäufigste Zellpopulation des Tumors bewertet. Zur mikroskopischen Einschätzung dient das Material von Stanzbiopsien oder einer bereits operativ entfernten Prostata. Dabei werden für beide Zellpopulationen Werte von 1 – 5 vergeben. Je höher der Wert, desto höher ist der Grad der Entdifferenzierung. Die Angabe erfolgt nach dem Muster: *Gleason-Wert 1 + Wert 2 = Summe beider Werte.*

Das Scoring-System wurde 1966 von dem amerikanischen Pathologen Donald F. Gleason entwickelt. Vor fast 50 Jahren war die Einführung dieses Bewertungsalgorithmus durchaus eine Verbesserung, da erstmalig klare Kriterien definiert wurden. Diese beruhen aber bis heute ausschließlich auf der Bewertung morphologischer Kriterien, wenn man von der DNA-Zytometrie absieht. Morphologische Kriterien, gewonnen aus einer Biopsie, sind aber nicht geeignet, weitgehend sichere Aussagen zu treffen über die wirkliche Dynamik und Gefahr eines Tumorgeschehens, das sich in seiner Invasionsfähigkeit widerspiegelt.
Die *Invasionsfähigkeit* ergibt sich aus einem längeren evolutiven Prozess, der mit der Aneignung neuer und besonderer Eigenschaften verbunden ist, wobei das

---

[118] Stähler E., Kübler U.: Frauenarzt 54(2213),3 Anstieg der Mamma-Ca-Inzidenz seit 50 Jahren: eine neue Herausforderung.

Umschalten auf einen *angiogenen Phänotyp* eine unabdingbare Voraussetzung für ein progressives Wachstum darstellt.[119] Bis zu einer Größe von $0.6 - 2 \text{ mm}^3$ kann ein Mikrotumor sich per Diffusion versorgen, in dieser Phase kommt er noch ohne Neovaskularisation aus.[120] [121] Auf diese Weise hat er bis zu einer Größe von 7 – 10 Zellschichten ausreichend Energie.

Derartige Mikrotumoren in *dormancy* kommen bekanntermaßen häufig vor.[122] [123] [124] Sie können durch unterschiedliche *Erweckungsereignisse* (inflammatorische Zytokine, Viren, ionisierende Strahlen, epigenetische Effektoren, Hypoxie, Zytokine nach Gewebeverletzungen, p53-Beschädigung, etc.) in eine Promotionsphase eintreten, erleiden dann aber eine zunehmende Hypoxie, die neue Strategien zum Überleben des Tumors erfordert, die durch den O2-Mangel induziert werden.[125] [126] [127] [128] [129]

Durch die Umschaltung auf den angiogenen Phänotyp und eine Energiegewinnung ohne Sauerstoff, erreichen sie den *Angiogenen Switch* (ab einer Tumorgröße von $0.6 - 1 \text{ mm}^3$ möglich). Das ist der Moment, wenn der Tumor Anschluss an das Gefäßsystem bekommt. Jetzt können Tumor-Stammzellen in den Kreis-

---

[119] Folkmann J.: Nat. Med. (1995) 1, 27 – 31. Angiogenesis in cancer, vascular, rheumatoid and other disease

[120] Folkmann J, Kalluri R.: Nature, 2004, 427: 787. Cancer without disease.

[121] Gimbrone MA et al.: J. Exp. Med. (1972), 136: 261 – 276. Tumor dormancy in vivo by prevention of neovascularization

[122] Nielson M., et al.: Br. J. Cancer (1987) 56, 814 – 819. Breast cancer and atypia among young and middle aged women: A study of 110 medicolegal autopsies.

[123] Lisa Willis, Tomas Alarcon, et al.Cancer Research 2010,70(11),4310 -7 Breast Cancer Dormancy Can Be Maintained by Small Numbers of Micrometastases

[124] Almog N. Cancer Lett.**2010** Aug 28;294(2):139-46.Molecular mechanisms underlying tumor dormancy.

[125] Harris AL.: Breast Cancer Res Treat.: (1998) 50, Special issue, 225. Hypoxia, a key regulator of tumor growth and target for therapy

[126] Graeber TG et al.: Nature (1996) 379, 88 – 91. Hypoxia mediated selection of cells with diminished apoptotic potential in solid tumors

[127] Hanahan D., Folkmann J.: Cell (1996) 86, 353 – 364. Patterns and emerging mechanisms of the angiogenic switch during tumorigenesis

[128] Vaapil M, Helczynska K, et al.: PLoS One. 2012;7(9):e46543. Hypoxic conditions induce a cancer-like phenotype in human breast epithelial cells.

[129] Birchmeier C., Birchmeier W.,Gherardi E. 2003: Nat Rev.Mol Cell Biol 2003,4:915 -925. MET,metastasis,motility and more.

lauf übertreten. Von deren Anzahl und Invasionsfähigkeit hängt aber – und das ist nach heutiger Kenntnis unwidersprochen – das Risiko einer weiteren Metastasierung ab.

Die Fähigkeit zur Invasion erreichen die Tumorzellen durch Aneignung eines Stammzellcharakters, was über das Programm der EMT (epithelial-mesenchymalen Transition) erreicht wird. Die Induktion dieses Vorgangs erfolgt durch dieselben Effektoren, die auch eine Promotion einleiten, wobei der O2-Mangel von besonderer Bedeutung ist.[130] [131] [132] [133] [134] [135] [136]

Unter dem Programm der EMT geht die Balance zwischen den Genen, die Epithelialität und Mesenchymalität regeln, verloren. Die Zellverbände lösen sich unter Funktionsverlust der Integrine und Cadherine auf. Die Zellen verlieren ihre Polarität, sind nicht mehr regelbar, gewinnen Mobilität und können auf Wanderschaft gehen und Metastasen bilden.[137] Parallel dazu erfolgen eine Degradierung der Bindegewebsmatrix und die Rekrutierung von Blutgefäßen. Im Rahmen dieser ontologischen Regression verlieren die Zellen ihren epithelialen, differenzierten Charakter und damit auch die für sie repräsentativen Marker wie: EPCAM, CD 24, CK 19.

Haben sich über diesen Weg der EMT Stammzellpopulationen entwickeln können (sie sind nur eine Minorität von 0.1 – 4 % der Tumorzellen), dann haben sie

---

[130] May C. et al.: Breast Cancer Research 2011,13,202: Epitheliale-mesenchymale transition and cancer stem cells: a dangerously dynamic duo in breast cancer progression.

[131] Shekar MPV et al. Breast Cancer Res 2003; 5(3): 130-135 (Host microenvironment in breast cancer development:
Extracellular matrix-stromal cell contribution to neoplastic phenotype of epithelial cells in the breast);

[132] Wendt MK, Allington TM., Schiemann WP: Mechanism of the epthelial-mesenchymal transition by TGF-ß. 2009: Future Oncol. 5: 1145 -1168

[133] Egblad M., Werb Z., Nat Rev Cancer 2002:2,161 -174. New functions for the matrix-metalloproteinases in cancer progression.

[134] Coussens LM, Werb Z. Nature 2002; 420: 860-867 (Inflammation and cancer);

[135] Baco F. et al.: Natl Cancer Inst. 2011(103(8):654 -661.Induction of MET by ionizing radiation and its role in radioresistance and invasive growth of cancer

[136] Chang CJ., Chao CH., Xia W. Nat Cell Biol 2011,13:317 -323: p53 regulates epithelial-mesenchymal transition and stemcell properties through modulating miRNAs

[137] Stähler E., Kübler U.: Priv.Arzt-Gynäkologie .Ausg.2,April 2013: 12-15. Was bedingt die Entwicklung von Tumor-Stammzellen und wie können diese Zellen im Blut bestimmt werden?

ihre Differenzierung und früheren epithelialen Eigenschaften verloren und einen mesenchymalen entdifferenzierten Charakter angenommen. Damit verbunden ist das Auftreten typischer Marker, die nur nach Ablauf einer EMT und dem Erreichen eines Stammzellcharakters vorkommen: OCT-3/4, ZEB1, C-MET, CD44, CD49f, MDRPs, ALDH1.

Diese *Saat des Bösen* verfügt über ein Genexpressionsmuster, was repräsentativ ist, für die aggressiven Eigenschaften eines Tumors(19).

- Fähigkeit zur Selbsterneuerung: c-Myc, p53, ck-ras. Warburg-Gährungsstoffwechsel: AKT/mTOR, TKTL.
- Fähigkeit zur Mobilität und Metastasenbildung: uPA, CD44, Mucin-1 Neo-angiogenese: VEGF
- Resistenz gegen Chemotherapie und Radiatio: MDR, Y-BOX, p53, Survivin, c-myc.
- Ungehemmte Zellteilung: EGFR, HER2, HER3, c-myc, ck-ras, p53. Unterlaufen des Immunsystems: Indoldiamindioxygenase, PD-L1, PD-L2.

Das bedeutet, dass eine reale Einschätzung der tatsächlichen Bedrohung, die sich aus dem *Stammzellcharakter* und der damit verbundenen *Invasionsfähigkeit* und *Aggressivität* von Tumorzellen ergibt, mit den morphologischen Kriterien des Gleason-Scores schlecht möglich ist. Das spiegelt sich auch wider in der mit 40 % sehr hohen Fehlerquote hinsichtlich der Reproduzierbarkeit. Eine Früherkennung und verlässliche Verlaufskontrollen sind dadurch kaum möglich.

Biopsie

Biopsien beinhalten zwei systemimmanente, potenzielle Gefahren:

1. Die Biopsie ist nicht in der Lage, den Bezirk mit höchster Malignität sicher zu detektieren, was aber eine unabdingbare Voraussetzung für eine optimale Therapie ist.

2. Jede Biopsie zerstört massiv die Organtextur, in deren Folge Phänomene auftreten, die zu einer weiteren Malignisierung und Verbreitung des Tumorgeschehens führen können. Dazu gehören: Das Aufreißen von Kapillaren, Hämatombildung, Ausbildung hypoxischer Gewebeareale, Expulsion von Exosomen, Bildung großer Flächen verletzter Extrazellularmatrix und Zerstörung von Zellen, intratumorale Druckproblematik.

Zu 1: Selbst mithilfe der sogenannten *Sättigungsbiopsie*, bei der bis zu 30-mal verdächtige Herde punktiert werden, gelingt es nicht, alle Prostata-Karzinome rechtzeitig zu detektieren und so zu charakterisieren, dass sich ihre Signifikanz voraussagen lässt. Hintergrund ist die *Heterogenität* der Tumoren. Sie sind, wie neue Untersuchungen zeigen, histologisch und in ihrer Gensignatur sehr unterschiedlich. In ein und demselben Tumor finden sich Areale mit sehr unterschiedlicher Dignität.[138] [139] [140] [141] [142]

Das bedeutet: Das per Biopsie gewonnene Gewebe gewährleistet diagnostisch nur bedingt die ganze Wahrheit. Wird nicht das bösartigste Areal erfasst, wird der betroffene Patient womöglich nicht adäquat therapiert. (Diese Problematik wurde auch auf dem *Kongress für interdisziplinäres Prostatacarcinom*, 16./17. Jan. 2015 in Magdeburg von Profs. A. Böcking und Glen Kristiansen angesprochen.)

---

[138] Pardal R., Clarke MF,Morrison SJ.: Nat.Rev.Cancer: 2003, 3, 895-902.Applying the principles of stem-cell biology to cancer;

[139] Gupta PB.,Chaffer CL., Weinberg RA.: 2009,Cancer stem cells: mirage or reality?;

[140] Gerlinger Marco et al.: NEJM 2012,366, No.10, 883-892: Intratumor Heterogeneity and Branched Evolution Revealed by Multiregion Sequencing;

[141] Long DL.: NEJM 2012, 366. 957-959. Tumor heterogeneity and personalized medicine.

[142] Zhang, Jianyun, Fujimoto, Inya, et al.: Intratumor heterogenity in localized lung adenocarcinomas delineated by multi-region sequencing. Science 10/2014: 256-259

Zu 2: Bei einer Biopsie werden viele Kapillaren zerrissen. In Karzinomen ist die durchschnittliche Anzahl von Kapillaren (MVD: Micro-vessel-density) wesentlich höher als in normalen Geweben. 6 – 35 Kapillaren/mm^2 findet man in normalen Brustdrüsengewebe [143], in gesundem Prostatagewebe liegt die MVD bei 56/mm^2 wobei die MVD mit zunehmender Entdifferenzierung auf 124/mm^2 zunimmt[144]

Das deckt sich mit der Erkenntnis, dass die Aggressivität eines Karzinoms mit der Gefäßdichte sowie mit dem Durchmesser und der Länge der Mikrogefäße zunimmt[145][146][147][148][149][150] und auch die Wahrscheinlichkeit einer Metastasierung steigt mit der Gefäßdichte[151]. Bei der Anwendung einer Stanznadel mit 1.6 mm Durchmesser und 22 mm Länge ergibt sich eine verletzte Fläche von 110,5 mm^2. Die Gesamtlänge der aufgerissenen Kapillaren beträgt unter der Annahme von mittleren MVD-Werten und einer durchschnittlichen Kapillarlänge von 0,5 mm: 20 – 50 Meter bei einer einzigen Biopsie! Damit werden Eintrittspforten für

[143] Biesaga B., Niemiec J., Ziobro M.: Pathol. Oncol. Res. 2012 October; 18(4): 949-960. Microvessel Density and Status of p53 Protein as Potential Prognostic Factors for Adjuvant Anthracycline Chemotherapy in Retrospective Analysis of Early Breast Cancer Patients Group;

[144] Locher R.J. Diss. Charite-Berlin 2012: Die Expression des Neoangiogenesemarkers ED-B beim Adenokarzinbom der Prostata;

[145] Weidner N., Semple JP., Welch WR. N Engl.J.Med. 1991, 324,1-8. Tumor angiogenesis and metastasis-correlation in invasive breast carcinoma;

[146] Wallwiener D, Kaufman M., Sinn HP et al. 1997, GEBFRA 1997, 57, H6. S. 321-327: Angiogenese beim Mammakarzinom – Quantifizierung der Gefäßdichte mittels Morphometrie als neuer Prognosefaktor;

[147] . Weidner, N. et al. „Tumor angiogenesis: a new significant and independent prognostic indicator in early-stage breast carcinoma. J.Natl.Cancer Inst. 84.24 (1992): 1875-1887;

[148] CANCER RESEARCH 64, 2941-2955, May 1, 2004] Microvessel Density as a Prognostic Factor in Women with Breast Cancer: A Systematic Review of the Literature and Meta-Analysis. Bernard Uzzan,1 Patrick Nicolas,1 Michel Cucherat, 2 and Gerard-Yves Perret1;

[149] Yasser M. El-Gohary, MD, Ghada Metwally, MD, Reda S. Saad, MD, PhD, Morton J. Robinson, MD, Thomas Mesko, MD, Robert J. Poppiti, MD: Am J Clin Pathol. 2008; 129 (4): 578-586. Prognostic Significance of Intratumoral and Peritumoral Density and Blood Vessel Density in Invasive Breast Carcinomas;

[150] . El-Gohary YM, Metwally G, Saad RS, Robinson MJ, Mesko T, Poppiti RJ.: Breast J. 2009 May-Jun;15(3): 261-267. Significance of periductal lymphatic and blood vascular densities in intraductal carcinoma of the breast;

[151] Weidner N., Semple JP., Welch WR. N Engl.J.Med. 1991, 324,1-8. Tumor angiogenesis and metastasis-correlation in invasive breast carcinoma;

Tumor-/Stammzellen geschaffen. So führen Biopsien und chirurgische Manipulationen zur Einschwemmung von Tumorzellen bzw. Tumorstammzellen in das Gefäßsystem[152] [153] [154] [155] [156] und können einer Metastasierung Vorschub leisten[157] [158].

Die Konsequenz der Zerstörung von Gefäßen und Extrazellulärmatrix ist die Bildung eines Hämatoms mit plasmatischer Gerinnung und die Einleitung von Regulationsprozessen, die zur Widerherstellung der zerstörten Gewebearchitektur führen.[159] Es werden dabei Zytokine und Wachstumsfaktoren gebildet, die Zellproliferation, Angiogenese und die Remodellierung des Gewebes mit Narbenbildung in Gang setzen. Dazu gehören Wachstumsfaktoren wie TGF-ß, FGF, PDGF, VEGF, Chemokine wie CCL2, CCL5, CCL28 sowie uPA. Es kommt zu einer Aktivierung von Treg-Zellen (Immuntoleranz erhöht) und zur Attraktion von Entzündungszellen wie Makrophagen.

Alle diese Faktoren begünstigen Malignisierungsprozesse. Die im Rahmen einer Verletzung auftauchenden Makrophagen und Fibroblasten sind als markante Botschafter der Bösartigkeit schon lange bekannt.[160]

---

[152] Hu X, Chow LWC. Oncology 2000; 59(3): 217-222 (Fine needle aspiration may shed breast displaced cancer cells into peripheral blood as determined by RT-PCR);

[153] Hansen J, Rotenberg I. Eur J Cancer Prev 2006, 96: 471-473 (Caution with microbiopsies of the breast: displaced cancer cells and ballistics);

[154] Moreno J. Urologie 49 (4) 1997; 515-520 Tansrectal Ultrasound-Guided Biopsy causes Haematogeneous Dissemination of prostate as determined by RT-PCR;

[155] Camara O., Kavallaris A., et al.: World Surg. Oncol. (2006) 4: 67. Seeding of epithelial cells into circulation during surgery for breast cancer: the fate of malignant and benign mobilized cells;

[156] . Weitz J. Kienle P., Lacroix J., Willeke F. et al.: Clinical Cancer Res. (1998) 4 (2), 343-348. Dissemination of tumor cells in patients undergoing surgery for colorectal cancer;

[157] Hanin Leonid, Zaider Marco: Cancers (Basel). 2011 September; 3(3): 3632–3660. Effects of Surgery and Chemotherapy on Metastatic Progression of Prostate Cancer: Evidence from the Natural History of the Disease Reconstructed through Mathematical Modeling.

[158] Pachmann K.: Cancers (Basel). 2011 June; 3(2): 2540–2553. Tumor Cell Seeding During Surgery—Possible Contribution to Metastasis Formations)

[159] Stähler E., Kübler U.: Der Priv.Arzt-Gynäkologie.Ausg.1, Febr.2014.S.16 -19.: Wie sicher sind Stanzbiopsien?

[160] Kübler U., Stähler E.: Der Priv.Arzt-Gynäkologie. Ausg.2, April 2012, S.6 -11: Was begünstigt die Bildung von Metastasen?

Sauerstoffmangel

Sauerstoffmangel in biopsierten Arealen ist die unmittelbare Folge einer Perfusionsunterbrechung durch den Abriss der Kapillaren. Sinkt der O2-Partialdruck bis auf 40 %, was einer relativen O2-Sättigung von 5 % entspricht, dann kommt es zur Bildung des *HIF* (Hypoxie induzierbaren Faktors), er ist der Motor des invasiven Wachstums der Tumorzellen[161] [162] – er induziert das Programm der EMT, sein Zielgen ist C-MET[163].

Wie schnell dieser Prozess läuft, zeigte eine Untersuchung über die Bildung des HIF in Biopsaten und im etwas später herausgenommenen Tumorgewebe. Im stanzbioptisch gewonnenen Gewebe wurde der HIF in 18 % exprimiert und im Tumorgewebe späterhin in über 72 % der Zellen.[164]

Expulsion von Exosomen.

Bei Exosomen handelt es sich um kleine Membranvesikel von 50 – 100 nm. Sie beinhalten Mikro-RNAs, Fragmente von DNA, mRNA, Informationseinheiten des C-MET Weges sowie auch lösliche Faktoren wie TGFß, VEGF etc.[165] Unter hypoxische Bedingungen, wie sie in Tumoren zu finden sind, wird ihre Bildung getriggert und bei Zellverletzungen werden sie freigesetzt.[166] [167] [168] Sie fusionie-

---

[161] Panichetti S., et al.: Cancer Cell, 2003,3:347-351: Hypoxia promotes invasive growth by transcriptional activation of the MET protooncogen.

[162] Talks KL et al.: Am.J.Pathol. 2000,157(2)411-421: The expression and distribution of the hypoxia-inducible factor HIF-1a and HIF 2a in normal tissue,cancers and tumor associated macrophages.

[163] Birchmeier C., Birchmeier W., Gherardi E. 2003: Nat Rev. Mol Cell Biol 2003, 4:915-925. MET, metastasis, motility and more.

[164] (Schönfelder AL. Diss. Tübingen. 2007. Expression von carboanhydrase IX und HIF 1a and HIF2a monitoring under primary systemic therapy;

[165] Kahlert Ch., Kalluri R.: J Mol. Med. 2013, Exosomes in tumor microenvironment influence cancer progression and metastasis.

[166] Nat Cell Biol. 2010 Jan;12(1):19-30; sup pp 1-13. Rab27a and Rab27b control different steps of the exosome secretion pathway. Ostrowski M[1], Carmo NB,et al.:

[167] King HW., Glaedle JM. BMC Cancer, 2012.12,421: Hypoxic enhancement of exosomes release by breast cancer cells.

[168] Borges FT., Melo SA., Ozdemir BC et al,.: JASN 2012: doi 10.1681/ASN2012 101031: TGF-ß1-containing exosomes from injured epithelial cells activated fibroblasts to initiate tissue regenerative responses and fibrosis.

ren mit Zielzellen und setzen ihren Inhalt direkt in das Zytoplasma frei.[169] [170] Dieser Vorgang erinnert an eine Infektion!

Exosomen transferieren Proteine zwischen Krebszellen und führen zur Chemoresistenz. So konnten Exosomen aus docetaxel-resistenten Prostatazelllinien, eine Chemoresistenz auf nicht resistente Prostatazelllinien via *Drug-Transporter MDR1* übertragen[171] Es konnte auch ein interzellulärer Transfer des onkogenen Rezeptors EGFRvIII über Exosomen nachgewiesen werden, die von Tumorzellen stammten.[172]

Die neuen Erkenntnisse belegen eine große funktionelle Relevanz der Exosomen, die man bei den diagnostischen und therapeutischen Konzepten berücksichtigen muss. Sie übertragen onkogene Proteine und *Multi-Drug-Transporter* wie *MDR1*. Sie triggern Proliferation und Chemoresistenz und unterstützen die Tumorangiogenese. Exosomen rekrutieren hämatopoetische Knochenmarkszellen und bilden über diesen Weg eine prämetastatische Nische in entfernten Organen. Sie interagieren mit den Myeloid-derived-Cells und unterdrücken damit die Anti-Tumor-Antwort.[173] [174] [175] [176] [177] [178] [179] [180] [181] [182] [183] [184] [185] [186] Ihre diagnostische

---

[169] Montecalvo A., Larregina AT., Shufeski WJ et al.: Blood 119:756-766. 2012: Mechanism of transfer of fuctional microRNAs between mouse dentritic cells via exosomes.

[170] Clayton A., Turkes A., Dewitt S. et al.: FASEB J: 2004: 18:977-979: Adhesion and signaling by B cellderived exosomes:the role of integrins.

[171] Corcoran C., Ranis S., O´Brien K. et al.: PLoSone 2012: 7:e50999: Docetaxel resistance in prostate cancer:evaluating associated phenotypic changes and potential for resistance transfer via exosomes.

[172] Al-Nedawi K., Meehan B., et al: Nat Cell Biol. 2008,10:619-624. Intercellular transfer of the oncogenic receptor EGFRvIII by microvesicles derived from tumor cells.

[173] Gemma K. Alderton: Nature Reviews Cancer 12,447. 2012. Doi:10.1038/nrc3304:; Metastasis :Exosomes drive premetasrtatic niche formation

[174] Azmi AS., Bao B., Sarkar FH: Cancer metastasis Rev. 2013,32(3-4)623-642. Exosomes in cancer development, metastasis, and drug resistance. A comprehensive review

[175] Kahlert Ch., Kalluri R.: J Mol. Med. 2013, Exosomes in tumor microenvironment influence cancer progression and metastasis.

[176] Peinado H., Lyden D., : Semin Cancer Biol. 2011-April21(2): 139 -146. The secreted factors responsible for metastatic niche formation.

[177] Kübler U.: Pressemitteilung. www.pressrelations.de. 2008, Dez 22: Biologische Trojaner mit unterschätztem Gefahrenpotential: Exosomen fördern Hirntumore.

[178] Peinado H., Lavotshkin S., Lyden D.: Semin Cancer Biol (2011) Apr.21(2):139 -146. The secreted factors responsible for pre-metastatic niche formation: old saying and new thoughts.

Bedeutung zeigt sich darin, dass versucht wird, Exosomen (RNA) aus dem Urin von Prostatkarzinompatienten als diagnostischen Biomarker zu verwenden.[187]

Intratumorale Druck

Zwischen Tumorzellen und Extrazellularmatrix besteht ein intensiver molekular-metabolischer Diskurs, in dessen Folge es zu einem Umbau der ECM kommt. Tumorzellen werden durch angelockte *tumorassoziierte* Fibroblasten zunehmend mit Kollagenfibrillen ummantelt. Das bewirkt eine biophysikalische Strukturver-änderung, die dann als veränderte Härte und Steifigkeit des Gewebes im Elasto-gramm als tumortypisch wahrgenommen werden kann.[188] Dazu parallel entwi-ckelt sich eine chaotische Gefäßarchitektur mit zunehmender Durchlässigkeit der Kapillaren (VEGF-Wirkung). Als Folge verändert sich der intratumorale Druck, der innerhalb eines Karzinoms erheblich ansteigen kann, von normal 3 – 22 mmHG bis auf Werte von 40 – 100 mmHG.

---

[179] Peinado H., Lyden D. 2012: 7 F.C.Behr –Symposium Heidelberg: Tumor derived exosomes educate
bone marrow progenitor cells toward a prometastatic phenotype by upregulation of MET-oncoprotein
[180] PEINADO h.; Aleckovic M., Lavotschkin S et al.: Nat Mad 2012(6)883-891: Melanoma exosomes educate bone marrow progenitor cells toward a pro-metastatic phenotype through MET
[181] Huang –Ge Zhang, William E. Grizzle: Clin.Cancer res. 2011,17(5)959 -964: A newly described Pathway of Immune Suppression.
[182] Ceistine Crange, Marta Tapparo et al.: Caner Res. 2011: 71(15): 5346 -56: Microvesicles re-leased from Human renal Cancer Stem Cells Stimulate Angiogenesis and Formation of Lung premetastatic Niche.
[183] Taylor D.D., Gercel-Taylor C.: Gynecol Oncology 2008,110,13 -21: MicroRNA signatures of tumor derived exosomes as diagnostic biomarkers of ovarian cancer
[184] Kaplan RN., Riba RD., Zacharoulis S.: Nature 2005,438:820 -827: VEGFR1-positive haemato-poietic bone marrow progenitors inbitiate the premetastatic niche.
[185] Hirakawa S., Kodama S., Kunstfeld R. et al.: J. Exp. Med.2005,201:1089-1099: VEGF-A induc-es tumor and sentinel lymph node lymphangiogenesis and promotes lymphatic metastasis
[186] Ostenfeld MSt., Jeppesen DK., Laurberg JR et al.: Cancer Res, 74(29) 5758. 2013. Cellular disposal of miR23b by RAB27-dependent exosome release is linked to acquisition of metastatic properties.
[187] Nilsson J., Skog J., et al: Br.J.Cancer 2009,100: 1603-1607. Prostate cancer derived urine exosomes .a novel approach to biomarkers for prostatate cancer.
[188] Küble U., Stähler E.: Priv.Arzt-Gynäkologie.: Ausg,2, April 2012. 1-5. Was begünstigt die Bildung von metastasen?

Dieser Druck steigt mit dem Volumen des Tumors an, parallel dazu verschlechtert sich die Prognose.[189 190 191 192 193 194 195 196 197 198 199 200] Bei einem Tumor mit erhöhtem Innendruck und Kapselspannung führt die biopsiebedingte Perforation dann natürlich zu einem Ausstrom aller zellulären Bestandteile entsprechend dem Druckgradienten in das umgebende Gewebe.

Das bedeutet: schnell wachsende, eindeutig desmoplastische Tumoren entwickeln einen erhöhten Innendruck, was bei einer Biopsie zu berücksichtigen wäre.

[189] Heldin CH, Rubin K.,Ostmann A.: Nat.Rev.Cancer 2004(4)10: 806-13: High interstitial fluid pressure-an obstacle in cancer therapy.

[190] Milosevic A., et al.: Semin Radiat .Oncol 2004,14(3):249 -58: The human tumor microenvironment: invasive needle measurement of oxygen and interstitial fluid pressure.

[191] Lunt SJ, Chaudary N., Hill R.:; Clin. Exp.Metatastasis2009, 26(1):19-34 The tumor microenvironment and metastatic disease. Ausg.2, April 2012.S

[192] Rofstad EK., Ruud EBM, Mathisen B,Gallapathi K.: Clin. Cancer Research, 2010(16(3) 936 - 43. Associations between radiocurability and interstitial fluid pressure in human tumor xenografts without hypoxic tissue.

[193] Curti BD, et al.: Cancer Res. 1993,53(10) 2204 -7: Interstitial pressure of subcutaneous nodules in melanoma and lymphoma 1-5patients: changes during treatment.

[194] Lee CG., Heijn M, di Tomaso E., et al.: Cancer Res. 2000,60(19). 5565 -70. Anti vascular endothelial growth factor treatment augments tumor radiation response under normoxic or hypoxic conditions.

[195] Boucher Y, et al.: Cancer Res. 1991,51(24),6691-4: Interstitial hypertension in superficial metastatic melanomas in humans.

[196] Gutmann R,Leunig M., et al.: Cancer Res. 1992,52(7). 1993 -95: Interstitial hypertension in head and neck tumors in patients: correlation with tumor size.

[197] Nathanson SD, Nelson L.:Ann.Surg.Oncol. 1994,1(4) 333-8: Interstitial fluid pressure in breast cancer, benign breast conditions and breast parenchyma.

[198] Milosevic M,Fyles A., et al.: Cancer Res. 2001,61(70) 6400-5:Interstitial fluid pressure predicts survival in patients with cervix cancer independent of clinical prognostic factors and tumor oxygen measurements.

[199] Aukland K. Interstitial fluid balance in experimental animals and man. In: Staub NC, Hogg JC, Hargens AR, editors. Advances in Microcirculation, Vol 13 Interstitial-Lymphatic Liquid and Solute Movement; Satellite Symposium; Victoria, British Columbia, Canada. July 20–24 1986; Basel, Switzerland; New York, New York, USA Illus: S Karger Ag; 1987. pp. X + 290pp. 110–123.

[200] Hofmann M, McCormack E, Mujic M, Rossberg M, Bernd A, Bereiter-Hahn J, et al. Increased plasma colloid osmotic pressure facilitates the uptake of therapeutic macromolecules in a xenograft tumor model. Neoplasia. 2009;11(8):812–22

Quintessenz

Die neuen Erkenntnisse sollten dazu beitragen, neue Wege der Diagnostik zu beschreiten, die keine potenziellen Gefahren für Betroffene beinhalten.
Dazu sind bereits geeignete Untersuchungsmethoden bekannt:

Magnetresonanzbildgebung:

Sie ist für das Karzinom der Prostata sehr gut untersucht, schützt vor der bisher üblichen Überdiagnostik, insbesondere vor der gefährlichen Saturationsbiopsie sowie den inzwischen inakzeptablen Blindbiopsien. Die MR-gestützte Bildgebung entdeckt signifikante, d. h. behandlungspflichtige Erkrankungen in 96 % der Fälle, schützt damit die Patienten vor Überdiagnose und erlaubt auch die aktive Überwachung, ebenso die rechtzeitige Einleitung von Therapien, was günstigere Verläufe bei lediglich fokalen Therapien erlaubt.

Elastografie

Sie weist im Tumor eine desmoplastische Entwicklung nach. Sie ist der morphologische Endpunkt des molekularbiologischen Malignisierungsprozesses. Ein eindeutiges Elastogramm ist das biophysikalische Korrelat zur desmoplastischen Entwicklung des Tumors.[201]

Molekulare Sonden

Sie sind in der Lage als *Liquid Biopsy* frühzeitig und sehr sicher Tumor-/Stammzellen im Blut zu detektieren[202][203]:

---

[201] Kübler U., Stähler E. (2011): Mamma-Karzinome sind per Elastografie und zellulärer Biomarker auch ohne Biopsie/PR zu diagnostizieren –Der Privatarzt Gynäkologie, April 2011: 6-9.
[202] Cellpredikt-Test: Es werden zirkulierende Tumorstammzellen mittels RT-PCR-nachgewiesen. Dazu werden die Zellen aus 2 Röhrchen EDTA-Vollblut isoliert und auf die Expression von OCT-3/4, ZEB1, C-MET untersucht. (Dr.Kübler/München)
[203] Kübler U., Stähler E.: 2012: Der Privatarzt-Gynäkologie Ausg.2, April 2012, 6 -11: Mammakarzinome sind per Elastographie und zellulärer Biomarker auch ohne Biopsie /PE zu diagnostizieren. Dazu siehe: Dr. U. Kübler: Diagnostische Apherese: Deutsches Bundespatent 4228389,Europäisches Patent 0584715, US-Patent 552 9903.
Dr. Kübler, Siebertstr.6, 81675 München

The "liquid biopsy" has the potential to become the one of the most promising tests in oncology.[204]

Alle Tumorzellen kommen ursprünglich aus einem Zellklon, und es erfolgt auch ein permanenter Austritt von Zellen aus dem Primärtumor, insofern spiegeln die zirkulierenden Tumorzellen im Blut die individuelle Entität des Primärtumors wieder. Aufgrund dieser Besonderheit bekommen die im Blut zirkulierenden Tumorstammzellen im Rahmen der Diagnostik den Stellenwert einer *Real-time-liquid-Biopsy*, wobei Nachweis und Charakterisierung dieser Zellen dann einem histologischen Korrelat entsprechen.[205, 206, 207, 208, 209, 210, 211, 212, 213, 214, 215, 216, 217] Dieses gibt Auskunft über Quantität und Invasionsfähigkeit. Damit ist eine Aussage

[204] Raimondi C, Gradilone A.: Breast Cancer Res.Treat. 2011,130: 449-555. Epithelial-mesenchymal transition and stemness features in circulating tumor cells from breast cancer patients.

[205] Lurje G. et al.: J. Oncol.2010: 2010:392652.: Circulating tumor cells in gastrointestinal malignancies : current techniques and clinical applications.

[206] Giordan A., Cristofanilli M., 2012: Recent Results Cancer Res. 2012,195:193 -201.CTCs in metastatic breast cancer.

[207] Hartkopf AD, Banys M, Fehm T .2012 Recent Results Cancer Treatm. 2012:195:203 -215. Her2-positive DTCs/CTCs in breast cancer.

[208] Pestrin M et al: Breast Cancer Res.Treat.2009,118(3):523 -530. Correlation of HER2 status between primary tumors and corresponding circulating tumor cells in advanced breast cancer patients

[209] Kübler U., Stähler E.: Der Privatarzt-Gynäkologie: 2011(2), 6 -11: Tumorfrüherkennung per US-Elastographie und Tumorverifizierung per Zellen statt Skalpellen.

[210] Kübler U., Stähler: 2012-Der Privatarzt-Gynäkologie 2012(2), 6 -11: Mammakarzinome sind per Elastographie und zellulärer Biomarker auch ohne Biopsie zu diagnostizieren.

[211] Stähler E., Kübler U. 2012. Der Privatarzt-Gynäkologie 2012(5), 26 -32. Für das Überleben ist die Abwesenheit von Tumorzellen mit Tumor-Stammzell-Eigenschaften entscheidend.

[212] Gorges TM., Riethdorf S., Pantel K.: J. Onkologie(7/2012) 390 -395. Zirkulierende Tumorzellen in Krebspatienten.

[213] Heitzer E. et al.: Genome Medicine 2013, doi:10.1186/gm434: Liquid Biopsy. Diagnose und Verlaufskontrolle des Prostatakarzinoms aus dem Blut.

[214] Pantel K, Alix-Panabieres C.: Cancer Res. 2013,73.6384"Real-time Liquid Biopsy in Cancer Patients. Fact or Fiction?

[215] Alix-panabieres C, Pantel K.: Clin.Chem. 2013(1):110-8: Circulating tumor cells: liquid biopsy of cancer.

[216] Pachmann K., Camara O.: J.Cancer Res.Clin.Oncol. 2011, DOI 10.1007.: Efficacy control of therapy using circulating epithelial tumor cells(CETC) as " liquid biopsy"; Trastuzumab in HER2/neu positive breast carcinomas

[217] Dockhorn-Dworniczak B: Trilliumdiagnostik 2013(11)3:140-142: Liquid-Biopsy- Eine interdisziplinäre Aufgabe.

über ihre Aggressivität und die evtl. Therapie-Notwendigkeit besser zu erhalten, als nur auf der Basis rein morphologischer Kriterien wie im Gleason-Score. Das käme auch den Patienten zugute, bei denen tragischerweise trotz negativem PSA-Wert (< 4ng/ml) ein Karzinom wuchert.[218]

Tumor-Escape

Warum können Tumor-Stammzellen sich den immunologisch-aktiven NK-Zellen und T-Zellen entziehen?

Der menschliche Organismus verfügt mit den Zellen des Immunsystems (NK-Zellen, T-Zellen) über ein einzigartiges antitumorales Verteidigungssystem. Einige Tumorzellen, insbesondere die Tumor-Stammzellen haben es jedoch gelernt im Rahmen der *epithelial-mesenchymalen Transition* sich den Attacken der Immunzellen zu entziehen.

Wie machen sie das?

Sie exprimieren auf ihrer Oberfläche lähmende Liganden: PD-L-1/PD-L-2. Weisen die NK-Zellen dafür einen Rezeptor auf – PD-1 – packen die Tumor-Stammzellen die NK-Zellen an diesem Rezeptor und verhindern deren Angriff. Man nennt dieses Phänomen *Tumor-Escape*. Durch die Blockade der *PD-L-1/PD-1-Interaktion* kann das *Tumor-Escape-Phänomen* indikationsübergreifend überwunden werden:

Therapiemöglichkeiten:
1. Reduktion von PD-L-1 in der Tumor-Stammzelle mit kleinen Biomolekülen.
2. Herstellung und Vermehrung Tumor-escape-resistenter NK-Zellen und Tumor-Schutz-Impfung.
3. Unterbrechung der Interaktion immunregulatorischer Tumor-Escape-Proteine wie PD-L-1, CTLA-4 mit Antikörpern wie *Ipilimumab* oder *Immun-Check-Point-Modulatoren*.

---

[218] Ian M. Thompson, et al, Jama 2005; 294, 66-70: Operating Characteristics of Prostate-Specific Antigen in Men with an Initial PSA Level of 3,0 ng/ml or lower.

Wie sie den Krebs erfolgreich bekämpfen können: durch Liquid Biopsy und Immuntherapie

Der menschliche Organismus besitzt an sich ein einzigartiges natürliches Verteidigungssystem gegen Tumor-Stammzellen: die natürlichen Killerzellen. Diese können Tumoren an ihren Tumor-Stammzellen erkennen und diese eliminieren, wenn der Tumor das zulässt. Tumor-Stammzellen können nämlich Fluchtmechanismen besitzen (Tumor-Escape) und die Abwehrzellen (NK-Zellen, T-Zellen) mit Hilfe von Liganden gezielt töten. Das garantiert dem Tumor das Überleben. – Wir kennen diese Fluchtmechanismen und können die damit verbundenen Rezeptoren (PD-1 und PD-L1) bestimmen.

Tumor-Stammzellen, die den Rezeptor für den programmierten Zelltod vermehrt tragen, können mit diesem den Tod von Immunzellen auslösen. – Dies kann durch Rezeptorblockade verhindert werden.

Es ist möglich, das sogenannte *Tumor-Escape-Phänomen* durch synthetische Medikamente, die sogenannten *Immun-Check-Point-Modulatoren* zu eliminieren, damit können auch weit fortgeschrittene Krebse, z. B. Metastasen eines malignen Melanoms, in die Remission oder zum Verschwinden gebracht werden, jedoch in den meisten Fällen für den Preis unerwartet hoher Nebenwirkungen, wie aggressive autoimmune Schübe, durchaus auch mit Todesfolge, und zu sehr hohen Kosten von bis zu 200.000 Dollar oder 28.000 Euro pro Infusion, z. B. für *Ipilimumab*, einen CTLA4-Antikörper.

Unsere Forschung hat gezeigt, dass der PD-L1-Rezeptor auf den Tumor-Stammzellen, der den NK-Zellen den Todeskuss geben kann, diese also zur Selbstauflösung zwingt, durch bestimmte Moleküle in seiner Expression reduziert werden kann. Gleichzeitig kann die Kraft des Immunsystems statt mit diesen toxischen und teuren synthetischen Medikamenten durch Erhöhung der Zahl körpereigener NK-Zellen gesteigert werden. Diese wirken sanfter, langfristiger und nebenwirkungsärmer, insbesondere in Kombination mit sekundären Pflanzenstoffen.

Increased expression of programmed death (PD)-1 and is ligand PD-L1 correlates with impaired cell mediated immunity. Immunology 2013, Aug.; 139 (4) 513-22
Targeting Apoptosis Pathway with Natural Terpenoids, H. Yang, Curr Drug Targets, 2010 Juni, 11 (6): 733-744